U0187837

素食調鼎集

顾明钟 张毅力
顾桢霖 / 编著
刘根标

上海社会科学院出版社
SHANGHAI ACADEMY OF SOCIAL SCIENCES PRESS

　　人类的饮食自古就已形成两大膳食结构，东方膳食成形于农耕基础，形成了以粮、豆、蔬果等植物性原料为主的饮食结构，西方膳食成形于畜牧业基础，形成了以肉、禽、蛋、奶为主的饮食结构。

　　在我国，人民生活水平提高、膳食结构改变的同时，造成荤素食源比例的失调，"文明病"中的肥胖病、"三高"病及其他与食源有关的富贵病在繁荣的都市中不断攀升，是否应以素食为主的饮食结构再次成为市民们的热点话题，饮食结构失衡已经拉响了人类健康的警报。

　　对于现如今生活丰裕的国民来说，身体需要的是能够调节与修补、促进消化的各种维生素、纤维素和微量元素，需要的是饮食结构的平衡、机体的酸碱平衡，而素食为主的饮食结构就是我们新时代健康的基础。

　　"素食为主"是我国自古以来饮食文化的优良传统，古医学典籍《黄帝内经·素问》早就提出了"五谷为养，五果为助，五畜为益，五蔬为充"的饮食结构理念，16个字中3/4体现的是素食，这充分表达了"人若健康长寿，须以素食为主"的饮食思想。汉朝以后，我国向西亚、拉美等地区引进了大量的蔬菜杂粮品种，如以"胡"字命名的胡葱、胡萝卜、胡椒，"番"

字命名的番薯、番豆，"西"字命名的西葫芦、西芹、西红柿，"洋"字命名的洋葱、洋山芋、洋豆角等。有史以来，我国向外邦引进的大多是种植类素菜，这充分证明了素食为主的饮食结构是我们中华民族的饮食特征。汉晋以后由于道教的建立和佛教的传入，素食文化得到了进一步发展与提高。北魏《齐民要术》、宋代《本心斋蔬食谱》的出现，饮食中，豆腐的发明，粉丝、面筋的问世等，都反映出中华民族素食的饮食文化理念。民谚亦有云："青菜豆腐保平安！""三天不吃青，心里总没劲！"

在当代，中国的素食和以素食为主的膳食结构已然引起了西方营养学家的广泛兴趣。20世纪90年代，美国《科学》杂志曾提出素食为主的中餐较之西餐更有利于人体健康的观点，颠覆了西方最初膳食金字塔的食源结构，"塔底"由原来的肉禽蛋奶改成以粮食蔬果为基础。因此，西方人发起了"为了健康请拿起筷子"的活动，并呼吁东方人的膳食结构千万不要西化，防止重蹈"文明病"的覆辙，同时感叹"21世纪是中国烹饪的世纪"，并倡导中华民族素食养生的内涵。

如今本书将宴会菜、店肆菜、佛门菜、融合菜、家常菜、时令菜、农家菜等七类中华素食的制作方法、食材知识、特色品鉴、营养价值等进行撰录，以此来推广素食的烹饪技巧和文化知识，使烹饪爱好者多一点做好素菜的方法、门道和乐趣，使素食爱好者健康地享受中华美食！此书出版，若得此法，便已足矣！

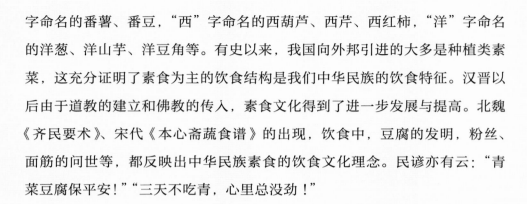

目录

前　言　　　顾明钟　1

宴会菜

春蚕吐丝	2	芦笋排草菇	30
琥珀桃仁	4	干烧四宝	32
上汤桃胶冬瓜球	6	拔丝哈密瓜	34
桃胶炖银耳	8	庆丰收	36
金汤素鲍翅	10	鲍汁白灵菇	38
话梅萝卜卷	12	芹菜盏	40
荠菜香椿百叶卷	14	三丝拌金针菇	42
水晶馄饨	16	热拌黄金耳	44
一品娃娃菜	18	葱㸆素海参	46
荷花豆奶	20	双味腰鲍	48
发菜竹荪汤	22	白灼时蔬	50
鸡头米炒杂菜	24	翡翠银芽拌虫草花	52
脆香三宝	26	拌香芹金针菇虫草花	54
八宝竹荪	28		

店肆菜

家常豆腐	58	生煸草头	86
麻辣豆腐	60	荠菜笋菇豆腐羹	88
辣白菜	62	茄汁锅巴	90
虎皮青椒	64	生焖腐竹香菇	92
酱包茄子	66	糟三样	94
醋熘土豆丝	68	脆皮豆腐卷	96
白灼秋葵	70	香菜韭黄拌腐衣	98
蚝油茭白	72	拌蒜薹	100
干烧四季豆	74	炸响铃	102
白灼芥蓝菜	76	绿茵松茸菌	104
油焖笋	78	菜心排双冬	106
糖醋兰花小黄瓜	80	锅塌豆腐	108
炒核桃花生芽	82	京葱排烧小素鸡	110
老醋腌黄瓜	84		

佛门菜

竹荪鱼圆汤	114	鱼香素肉丝	136
莲蓬豆腐	116	素肉松	138
罗汉斋	118	小炒素鱼翅	140
炒素虾蟹	120	白菜豆腐卷	142
素火腿	122	炝素虎尾	144
素 鸭	124	笋菇煮干丝	146
炒素鳝丝	126	拌干丝	148
宫保素鸡丁	128	面筋煲	150
糖醋素排	130	春白素烩	152
炒素鱼片	132	胖大海生梨羹	154
四喜烤麸	134	香煎藕饼	156

融合菜

芝士黄油焗南瓜	160	乡村浓汤	170
刺身全素	162	橄榄菜炒甜豆	172
咖喱杂菜煲	164	泰酱烧彩色萝卜	174
椰蓉腰果	166	咖啡南瓜	176
土豆沙拉	168	泰酱烧三白	178

青芒拌莴笋	180	地瓜炒荷兰豆	186
奶香青豆泥	182	西芹花豆炒百合	188
三味花菜	184	红薯芝士球	190

家常菜

扬州八宝菜	194	泡蒜瓜萝卜头	220
拌冷菜（老虎菜）	196	扁尖烧马桥干	222
四川泡菜	198	什锦冻豆腐	224
咸菜豆瓣沙	200	黑干炒芦蒿	226
煎小土豆	202	小炒海带丝	228
雪菜笋丝烧百叶	204	桂花糖藕	230
粥汤雪里蕻	206	爆五香花生	232
苔条花生	208	蛋皮紫菜汤	234
绍兴汤	210	香椿拌豆腐	236
酱瓜烧白扁豆	212	荠菜笋菇百叶包	238
拌凉粉	214	笋菇烧百叶结	240
油条烧丝瓜毛豆	216	素肉莼菜汤	242
香炸茄饼	218	地耳炒蛋	244

时令菜

葱油拌双笋	248	春笋炒蒜苗	264
炒红米苋	250	麻酱拌花茄	266
慈姑烧胡萝卜	252	凉拌菜瓜	268
咸菜爛毛笋	254	糖醋嫩藕	270
葱油拌金瓜丝	256	炒田林塘三宝	272
白砂糖拌番茄苦瓜	258	蛋皮百叶拌青蒜	274
田园夏四宝	260	蚝油焗蒜珠	276
上汤白米苋	262		

农家菜

熟腌萝卜干	280	厚百叶炒白芹	300
老黄瓜豆瓣汤	282	生拌青茄子	302
白豆角烧土豆	284	农家三松	304
番茄烧豆腐	286	酸豆角拌土豆	306
雪笋烧老豆腐	288	酒酿白扁豆	308
菜干菌菇烧百叶	290	地瓜拌苹果丝	310
酱萝卜	292	拌红皮土豆	312
豆酱烧萝卜	294	熟拌豌豆苗	314
曝腌咸菜炒毛豆	296	炒芋艿泥	316
韭菜炒百叶	298		

后　记	顾明钟	319
跋	张毅力	321

宴会又称"筵席"或"宴席"，是指人们为着某种社交目的，以一定规格的菜品、酒水和礼仪程序来款待客人的聚餐方式。它既是菜品的组合艺术，又是礼仪的表现形式，还是人们社交活动的工具。宴会既不同于日常膳饮，又有别于普通聚餐，它具有聚餐式、规格化和社交性三个鲜明的特征。

南北朝时期佛教食俗的盛行孕育出了早期的全素宴席，自此，全素成席深刻地影响了我国的素食文化，让其在此后千余年中，不断创新和完善，成为中国烹饪文化中的一朵奇葩。全素宴会的菜着选料考究、注重时令且工艺严谨、讲求精细，高档的素宴更能以素仿荤、形态逼真，如一品娃娃菜引用了古时官爵等级"一品"来命名，以表示此菜用料的讲究和规格的高档，春蚕吐丝运用了象形仿生的制作方法，使菜品呈现出"春蚕玲珑、银丝缕缕"的意境，精美的造型、绵香甜糯的口感，展现出了细巧而又卓绝的烹制技艺。诸如此类的还有"水晶馄饨""八宝竹荪"，等等。这些制作精巧、美轮美奂、新颖独特、别出心裁的宴会菜肴，不仅能使人感受到烹饪艺术的魅力，更能给人一种清新脱俗的美食享受。

春蚕吐丝

原料调料
芋艿 100 克，糯米粉 100 克，椰丝 100 克，松子、腰果、核桃、杏仁、瓜子仁（五仁干果）
各 50 克，白砂糖 150 克，糖粉 50 克，黄油 20 克。

制作方法
1. 芋艿刨去皮，切成丁，蒸熟取出趁热与糯米粉揉匀成面团；五仁干果分别烤熟，冷却后，
   碾碎放在碗里并加入糖粉和黄油揉匀成馅心。
2. 糯米芋艿团搓成条，摘成 24 个小剂，包入馅心，呈鸽蛋形的春蚕茧胚。
3. 锅中水烧开，放入蚕茧胚，煮熟捞出，随即均匀地滚上椰丝，即制成"春蚕茧"并装入富
   有造型的盛器内。
4. 白砂糖与清水 1∶1 放入锅中，用小火熬成糖浆，离火稍凉，用叉子蘸上糖浆，撒在盛装
   "春蚕茧"的盛器上，撒满即成。

烹饪之道
此菜的难度，在于熬糖，糖嫩则不出丝，熬过了则发硬不绵软。

菜肴品鉴
春蚕吐丝是顾明钟在 20 世纪 80 年代的一款成名作，这道造型美观、别具匠心、优雅飘逸的
精致点心是宾客见而不忘的精品美食，在当时受到了全国厨师和食客的追捧。其操作复杂，
制作难度极高，专业性强，不易仿制。

营养知识
从营养结构分析，此菜以糯米粉做皮，以糖丝增味，确保了碳水化合物的摄入；以五仁干果
和黄油作馅，保证了丰富的优质蛋白质和足量的油脂。这道菜既可作主食又可作点心，以精
制糯米粉和芋泥和面，堪称"细中有粗"，暗合"粗细结合"的营养配膳原则。

菜肴特色：春蚕吐丝，晶莹靓丽，造型别致，形态逼真，软糯香甜，是宴会餐桌上的"甜菜明星"。

琥珀桃仁

原料调料
核桃肉 250 克，熟白芝麻 10 克，白砂糖 75 克，清油 400 克（实耗 15 克）。

制作方法
1. 核桃用开水泡至外衣松软，剥去衣层。
2. 锅中置入 100 克的水，加入白砂糖烧开，放入核桃用小火熬 10 分钟，见糖水浓稠时，倒入漏勺中，沥去多余的糖汁。
3. 油入锅烧温，放入核桃，慢火升温约 6～7 分钟，见核桃表面呈琥珀色时捞出，迅速放在容器里，撒上熟白芝麻揉匀即成。

知识链接
琥珀桃仁是一款难度较高的经典京邦传统菜，其制作秘诀有两点：一、熬糖时火要小，糖浆熬得不能太稠；二、油温要低，即用"汆"的烹调方法，否则会因无光泽而导致成品有"败笔"。

营养知识
核桃仁含有多种氨基酸和不饱和脂肪酸，对大脑有补益之用，还可预防动脉硬化和心脑血管疾病，素有"长寿果"之称。

菜肴特色：色如琥珀，光泽透亮，口感松香。

上汤桃胶冬瓜球

原料调料

桃胶 75 克，冬瓜 1000 克，草菇 75 克，鲜豆瓣 10 克，白木耳 10 克，圣女果 10 只，蘑菇、咸菜茎、土豆各 10 克，生姜少许，盐 1 克，蘑菇精 1 克，白胡椒粉 0.3 克。

制作方法

1. 桃胶与白木耳用水泡软，上笼蒸熟（约 1 小时），待用。

2. 冬瓜去皮，借助工具挖出冬瓜球并用开水煮一下。

3. 草菇削去蒂，洗净蒸熟；圣女果开水烫泡后撕去外皮。

4. 豆瓣、咸菜茎、土豆和生姜加水烧开后，转小火焖烧，吊出味来，滤净料渣，制成清汤。

5. 把桃胶、白木耳、冬瓜球、草菇放入锅内，盛入吊制的清汤，调入胡椒粉、盐、蘑菇精、烧开后，勾点薄芡即可。

烹饪之道

桃胶选用加工成弹圆形的为佳。此菜使用的原料较多，需要用不同的火候烹制，谨防失饪。成品要求汤清芡薄，烹调时，注意火候与勾芡的用量。

营养知识

此菜富含蛋白质、膳食纤维、多种维生素和矿物质，且口味复合，清鲜宜人，适合爱好健身和美容的人士经常使用。

菜肴特色：形态美观，色泽靓丽，晶莹滑爽，滋味鲜美。

桃胶炖银耳

原料调料

桃胶 100 克，银耳 25 克，枸杞 5 克，冰糖 75 克，椰浆 150 克。

制作方法

1. 桃胶、银耳分别泡软，洗净后放入汤锅里加水烧开，改用小火慢炖到质地软糯，再加入冰糖、椰浆烧沸片刻至冰糖融化，盛入盛器。
2. 枸杞用开水泡开，撒在桃胶银耳上点缀即可。

烹饪之道

最好选用加工过的桃胶，成形弹圆，晶莹透亮。此菜也可以不放椰浆，色汁则清爽靓丽。

食材知识

桃胶具有一定的养生功效，所以受到女性朋友的追捧，如"桃胶三宝""桃胶血燕"等成为网红美馔后，市场上出现了人造桃胶，选购时须谨防假冒。

营养知识

桃胶是桃树的自然分泌物，富含植物胶原蛋白、多糖及多种生物活性物，有控血糖、降血脂、补充体力和益智养颜等多种功效，配合银耳、枸杞等食材一起食用，更有滋阴通润之效。

菜肴特色：色泽乳白光亮，质感绵滑软糯，口味椰香甘甜。

金汤素鲍翅

原料调料

素鱼翅 25 克，素鲍鱼半只，虫草花 20 克，素鲜汤 500 克，盐 1.5 克，蘑菇精 1.5 克，生粉 5 克，胡椒粉 0.2 克，黄酒 5 克，葱姜汁 4 克，清油 5 克。

制作方法

1. 素鱼翅冷水浸泡 10 小时，泡软后放在水锅里煮开，再用小火焖 20 分钟，然后浸入凉水。
2. 素鲍鱼批成片，切成丝。
3. 虫草花泡开后，煮半小时。
4. 锅烧热放入油，烹入酒、葱姜汁，加入素鲜汤，倒入鱼翅、鲍鱼丝、虫草花，调入盐、蘑菇精、胡椒粉，用水调生粉勾芡，即可装盘。

烹饪之道

素鱼翅要涨发到软糯为佳，素汤的品质要好。

菜肴品鉴

好菜需要用好汤，素鱼翅有质而无味，因此，烹制此菜的用汤显得尤为重要，用呈鲜增香的原料制汤吊汤是做好此菜的关键。

营养知识

素鱼翅是大豆蛋白、大豆肽和食用明胶经加工而成的一种食材，其价廉物美，非但不含胆固醇，而且还是天然的无脂肪且高蛋白的食物原料，食用后能在胃肠道内胶化，以减少奶类和豆类蛋白质因胃酸反应而引起的凝结作用，从而助消化和吸收。

菜肴特色：色泽金黄明亮，鱼翅软糯，汤汁鲜美。

话梅萝卜卷

原料调料
长白萝卜 500 克，胡萝卜 75 克，黄椒 75 克，黄瓜 100 克，话梅 40 克，白砂糖 75 克，白醋 50 克，盐 7 克。

制作方法
1. 把长的白萝卜刨去皮，取中间部分，批成长 10 厘米、宽 7 厘米、厚 0.2 厘米的薄片，放在盐水里泡软。
2. 再取 100 克白萝卜、胡萝卜（去皮）、黄椒、黄瓜，分别切成丝。
3. 白萝卜片放平，边上放入黄瓜、胡萝卜、白萝卜、黄瓜丝卷紧，包 20 卷。
4. 取 100 克水烧开，放入盐、话梅、白砂糖调匀并使其冷却后，放入包好的萝卜卷泡 3 ~ 5 小时，然后取出斜刀改成段装盘。

烹饪之道
白萝卜片必须批薄且均匀，否则卷不起来。

菜肴品鉴
话梅萝卜卷精巧的造型和酸甜的味型，深受素食者的喜爱。此菜所使用的原料虽普通，但制作精细，口味别致，丝毫不逊色于荤菜。

营养知识
本品并未对食材进行热处理，而是将其泡在话梅酸甜汁中，很好地保留了脆性蔬菜的营养价值，尤其是酸汁对维生素的保存非常有利，因此本品是一款营养损耗较小的可口菜肴。

菜肴特色：色泽鲜艳，晶莹剔透，口味酸甜脆爽。

荠菜香椿百叶卷

原料调料
薄百叶 2 张，荠菜 200 克，香椿 150 克，盐 15 克，蘑菇精 1 克，麻油 5 克，笋 50 克，玉米粒 20 克，胡萝卜 50 克。

制作方法
1. 荠菜、香椿洗净，分别放在开水锅里焯水，捞出沥水晾凉后，切成末，放在容器内。煮熟胡萝卜和笋一并切成末，拌入荠菜，调上盐、蘑菇精、麻油拌匀成馅心。
2. 薄百叶放在开水里煮一下，捞出放在净水里激凉后，滤干水分；将薄百叶放在案板上摊平，舀取馅心放在一侧卷紧拢实，用刀切成段后装盘，底边撒上少许蒸熟的玉米粒即成。

烹饪之道
冷菜制作要注意操作卫生，可放入松仁提高菜肴档次。

知识链接
在初春的食物原料中，香椿、春笋、马兰头传递了大地回春的消息。香椿的吃法有很多，但荠菜香椿百叶卷因其出品整齐大方，食用时文雅方便而倍受食客们的赞美。

营养知识
香椿芽除了含有膳食纤维、类胡萝卜素及维生素 C 之外，还含有黄酮类及酚类活性物，具有抗炎、抗肿瘤等功效。新鲜的香椿芽，不仅美味而且健康，腌制过的香椿芽会产生亚硝酸盐，食用前需要焯水。

菜肴特色：形态整齐美观，口味松软清香。

宴会菜

水晶馄饨

原料调料
冬瓜 1500 克，老豆腐 150 克，蘑菇 50 克，榨菜末 5 克，葱末 3 克，生粉 50 克，红椒、黄椒丝 3 克，盐 2 克，蘑菇精 1.5 克，胡椒粉 0.1 克，葱油 4 克，素鲜汤 300 克。

制作方法
1. 冬瓜去皮去瓤，切成馄饨皮形状的薄片，放在盐水里泡软捞出。
2. 老豆腐塌碎成泥，蘑菇焯水后，切成细末，把豆腐泥、蘑菇末、榨菜末、葱末放在碗里，加入盐、蘑菇精、葱油拌匀成馅心。
3. 冬瓜片皮用厨巾纸吸去水分，拍上少许干生粉，包入馅心。
4. 素鲜汤烧开，加入盐、蘑菇精、胡椒粉盛入碗里。
5. 取水锅烧开，放入馄饨，煮熟后捞出，放入汤碗里，撒上红椒、黄椒丝，滴上几滴葱油即成。

烹饪之道
批片要厚薄均匀。

菜肴品鉴
馄饨是江南地域的一道点心，为了能将此点心创新成为一道宴会高档汤菜，制作者用冬瓜片取代了面制馄饨皮，以蔬菜替换粮食，点心的功能转化为汤菜的角色，使其出品达到晶莹透亮、脆嫩别致的高雅档次，达到"似如馄饨胜过馄饨"的呈菜效果。

营养知识
冬瓜利水消肿，清肺化痰，豆腐和蘑菇蛋白质含量丰富，同食互补相得益彰，恰到好处。

菜肴特色：晶莹透亮，鲜嫩别致。

一品娃娃菜

原料调料

娃娃菜 600 克，竹笋 30 克，竹荪 5 克，蘑菇 25 克，香菇 10 克，松仁 10 克，红椒 10 克，盐 2 克，蘑菇精 2 克，鲜汤 350 克，葱油 10 克，清油 500 克（实耗 25 克），生粉 5 克。

制作方法

1. 娃娃菜剥去外叶后，顺长一剖两半，每半片再顺长，切成三瓣，竹荪泡软，香菇泡开后，蒸软，竹笋、蘑菇切片，松仁用油氽熟，待用。
2. 将娃娃菜放在温油里，焐熟后，放进温水中漂去油，捞出放在平盘里，菜心朝上摆排整齐。
3. 锅烧热放入鲜汤，调入盐、蘑菇精，先放入香菇、竹笋、竹荪、蘑菇、红椒，再将娃娃菜轻轻推入锅中，烧沸后用水调生粉勾薄芡，并用大翻锅，使辅料置于娃娃菜上，用筷子稍稍整理，撒上松仁即可。

烹饪之道

娃娃菜的预处理，用水煮熟也行，但油浸成熟的质地更软糯。操作如不用大翻锅，蒸熟也行，但运用大翻锅烧制更能入味，且形态自然。

菜肴品鉴

娃娃菜是小型的大白菜，顺长切成橘瓣形并排列整齐后能做出上品的菜肴，如一品娃娃菜、蟹粉扒娃娃菜、京帮鸡油三白等，都是上档次的宴会菜，当然，烹饪的操作技法是有难度的，只有在京帮大翻锅的绝技下这些佳肴才能够完美地成型。

营养知识

娃娃菜的营养成分与大白菜相仿，其中钾元素的含量远高于大白菜，有缓解疲倦的作用。

菜肴特色：此菜品质高雅，娃娃菜酥软鲜美，形态整齐美观。

宴会菜

荷花豆奶

原料调料

绢豆腐 200 克，鸡蛋 5 只，洋葱 1 只，红椒末 3 克，牛奶 20 克，清油 400 克（实耗 20 克），盐 2 克，蘑菇精 2 克。

制作方法

1. 绢豆腐放在粉碎机里打成茸，放入 4 只蛋清、盐 1 克、蘑菇精 1 克搅成糊，洋葱切出 7 个花瓣块待用。
2. 锅烧热放入油炼锅，取一只鸡蛋打散成蛋液，在锅中摊成蛋皮放在盘内，将洋葱瓣插入蛋皮下作为装饰。
3. 锅里放入清油，待油温热时，将豆腐蛋清糊入锅，小火加热，慢推慢炒至逐步凝结成固体时，倒入漏勺，沥去油，成芙蓉豆腐。
4. 锅里先放入牛奶、盐、蘑菇精、水调匀加热，再放入芙蓉豆腐，烧开时，勾少许芡，滴上清油盛在蛋皮上，撒上红椒末即成。

烹饪之道

制作芙蓉时，最好用不粘锅，不然容易结底焦煳，影响品质。

菜名解释

荷花鲜奶是粤菜炒鲜奶的改良，荷花豆奶是改良后的素食版本。在荷花鲜奶的原料中加入嫩豆腐，使得素食的原料和味道更为突出。此菜制作中易粘锅，制作者需要有一定的烹饪基础。

营养知识

这款菜将豆腐的"嫩"做到了极致，并且将鸡蛋、豆腐及牛奶所含的蛋白质混合为一体，达到蛋白质互补、提高吸收利用率的效果。

菜肴特色：芙蓉豆腐洁白滑嫩，形态美观，营养丰富。

发菜竹荪汤

原料调料

发菜 2 克，竹荪 10 克，蘑菇 25 克，黄瓜 25 克，番茄 50 克，素鲜汤 250 克，盐 2 克，蘑菇精 1 克，白胡椒粉 0.1 克，清油 1 克。

制作方法

1. 发菜和竹荪分别用凉水泡发，蘑菇平批成片，黄瓜刨成片，番茄去皮取外壁，改刀成花瓣片。
2. 以上原料分别在开水中飞水后，放在品碗中。
3. 素鲜汤倒入锅里，加入清水、盐、白胡椒粉、蘑菇精烧开后，滴入清油，盛入品碗中即成。

食材知识

目前烹饪所用发菜多为人工培植发菜。野生发菜名贵，营养价值高于很多动物性原料，属奇珍佳肴，国家明令禁止挖采。目前市场上的发菜都是人工培植所得。

野生发菜受国家野生植物和环境保护的限制，目前只有中药店的药用发菜被允许少量销售。海洋发菜作为野生发菜的替代品被端上了餐桌。

营养知识

发菜含大量的蛋白质，以及钙、磷、铁等矿物质，同等重量下，这些营养素均高于畜禽类烹饪原料。此菜中，发菜有助消化、解积腻、清肠胃、降血压的功效，竹荪富含氨基酸、多糖、维生素和矿物质，有提升免疫力、防癌抗癌等作用。

菜肴特色：汤清色艳，口味清鲜，发菜竹荪脆嫩，营养丰富。发菜谐音寓意发财，属素食中高档次的汤菜。

宴会菜

鸡头米炒杂菜

原料调料

鸡头米 200 克，小香菇 20 克，杂菜（胡萝卜丁、玉米粒、甜青豆）40 克，盐 1 克，蘑菇精 1 克，葱油 5 克，生粉 2 克。

制作方法

1. 香菇用水泡软煮 20 分钟，鸡头米泡水后煮 3 ～ 5 分钟，杂菜焯水后捞出。
2. 锅里放少量水，加入盐、蘑菇精、鸡头米、小香菇、杂菜，烧开后，用水调生粉勾芡，滴上葱油，即可装盘。

烹饪之道

鸡头米（干）需要预先浸泡，要控制好煮的时间，防止崩裂而不成形。

食材知识

鸡头米是南方的水生植物，是一种睡莲科芡属植物的果实，即新鲜的芡实，又名鸡头肉。其果实呈圆球形，淡黄色尖端突起，性状好的鸡头米吃口滑嫩，软糯清香。

营养知识

鸡头米即芡实，含有丰富的矿物质，且维生素 B1、B2 和烟酸的含量较高，有健脾益气、固肾涩精等作用，是药食两用的健康绿色食品。

菜肴特色：色彩美观，形如珍珠，口感多样。

脆香三宝

原料调料
土豆 200 克，青豆瓣 150 克，莲藕 200 克，菜松、土豆松、红椒丝各 2 克，椒盐 1 克，白砂糖 25 克，清油 300 克（实耗 30 克），盐少许。

制作方法
1. 土豆刨去皮，切成瓦楞状的小块，撒上少许盐；莲藕切成厚片，放在糖水锅里烧煮上糖汁。
2. 豆瓣、土豆块分别在油里炸脆捞出，豆瓣用椒盐拌匀，莲藕放在低温油中氽脆捞出，分别装入三只盛器，再分别撒上菜松、土豆松、红椒丝点缀。

烹饪之道
控制油炸时油的温度，油温各有不同，应料而作。

知识链接
脆香三宝看似简单，其实不然，尽管都是入油炸制，但对原料品质的选择、油温的控制各不相同。莲藕切片，土豆切条，两者使用京帮"琥珀"油氽法烹制，豆瓣质老，热油下锅控温加热，酥松口感应缓缓炸制。

营养知识
油炸可改变食物的性质并增加风味，操作时需合理控制油温和炸制时间，不建议反复多次使用炸油。

菜肴特色：土豆咸香，突出本味；豆瓣酥松，椒盐咸香；莲藕酥
香，焦脆可口。三脆相同，三味各异。

八宝竹荪

原料调料

竹荪 25 克，栗子 25 克，干香菇 5 克，蘑菇 20 克，竹笋 20 克，芋艿 25 克，青豆 10 克，松仁 10 克，豆豉 8 克，盐 0.5 克，蘑菇精 0.5 克，葱油少许。

制作方法

1. 竹荪、干香菇分别用温水泡开，栗子、芋艿、竹笋分别煮熟，用刀面将煮熟后的栗子和芋艿塌成泥。
2. 竹笋、香菇、蘑菇、青豆、豆豉切成细粒，松仁用油氽熟后拍碎，将这些原料一同放在盛器内，调入盐、蘑菇精和葱油拌成馅心。
3. 泡软后的竹荪摘去絮盖，挤去水分，灌入馅心，用芹菜茎将口扎住，摆入盘内，上笼蒸熟，取出装盘即可。

烹饪之道

这是一款工艺菜，制作时须手巧心细，特别要注意酿馅的多少和酿馅的力度，防止撑破竹荪。

食材知识

竹荪又名竹菌，是一种名贵而稀有的食用菌，野生竹荪价格昂贵，珍稀而难求，体型完整、菌体粗壮、长短均匀、气质清香者为上品。目前市场上供应的竹荪大多是人工培植的产品。

营养知识

本款菜肴的营养成分全面，富含蛋白质、脂肪、碳水化合物及各类微量元素，原料的使用涉及菌菇类、根茎类、豆类、坚果类和发酵豆制品。本菜食材品类丰富，营养成分搭配合理，谓之"八宝"名副其实。

菜肴特色：形似米袋，入口脆嫩，馅心松软鲜香，是一款上品的
　　　　　精酿素菜。

芦笋排草菇

原料调料

芦笋 200 克，草菇 200 克，清油 300 克（实耗 20 克），香油 2 克，蚝油 5 克，生抽 3 克，老抽 1 克，生粉 3 克，盐 1 克，蘑菇精 1 克，蒜泥 1 克，白砂糖 5 克。

制作方法

1. 芦笋刨去老皮，洗净后用厨巾纸吸干水分，再切成 10 厘米长的段，撒上少许盐和蘑菇精腌制片刻，草菇削去根结后，清洗干净，待用。
2. 锅里加油烧温，放入芦笋浸熟捞出，沥油后整齐地排放在长盘中间。
3. 油倒出，锅中留余油，放入蒜泥、蚝油炒香后再将草菇倒入，调入生抽、老抽、白砂糖和适量的水，盖上锅盖烧两分钟左右。
4. 起锅前用水调生粉勾芡，滴上香油，装在长盘的两侧即成。

烹饪之道

芦笋使用油里浸熟的烹调方法，能确保其色泽鲜绿、口感脆嫩。

食材知识

芦笋属根茎类植物，原是舶来品，现上海崇明有大量种植，因口感脆嫩，营养价值高而深受人们的欢迎。芦笋按品种可分为紫芦笋、白芦笋和绿芦笋。白芦笋在欧洲市场较常见，多用于制作罐头食品。国内市场都以绿芦笋为主营，紫芦笋产销于美国。

营养知识

芦笋是世界十大名蔬之一，因其嫩茎中含有丰富的蛋白质、维生素和矿物质而极具营养价值，芦笋叶酸较多，孕妇经常食用有利于胎儿大脑的发育。

菜肴特色：芦笋碧绿脆嫩，草菇鲜香软嫩。

干烧四宝

原料调料

雪菜350克，冬笋40克，鲜香菇10克，鲜蘑菇40克，青椒20克，红椒20克，糖粉10克，蘑菇精1克，清油500克（实耗25克），盐0.1克，生粉10克，鸡蛋液15克。

制作方法

1. 雪菜放入水中泡去咸味，切去根和叶，取中段嫩茎撕成丝，排齐后拦腰一切两段，再放入水中煮开，浸凉捞出，挤干水分。

2. 将冬笋、鲜香菇、鲜蘑菇、青椒、红椒洗净后切成条，调入盐、蘑菇精拌匀，使原料吃进底味，然后放入鸡蛋液中揉匀，再拍上干粉，待用。

3. 锅中倒入油烧热，撒入雪菜丝炸松捞出沥油，再将四宝（冬笋、鲜香菇、鲜蘑菇、青红椒）依次入油锅炸脆后，倒入漏勺沥油。锅洗净烘干，将雪菜松与四宝分别倒回锅中，撒上糖粉和蘑菇精粉拌匀后，装盘即可。

烹饪之道

干烧四宝原是京帮菜系的传统经典菜，此菜将原版中的肉条改为了青红椒。引用全蔬菜制作后，扩大了食用的受众人群。

菜名解释

京鲁菜系大都擅长以炸、溜、爆、炒、烤、塌、焖、扒等方法来烹制菜肴，"干烧"是京鲁菜系中特有的一种烹调方法，虽然很多菜都是以"烧"冠名，但有些菜肴名为"烧"实为"炸"。干烧四宝是一款原料在大油量、高油温中炸成的菜肴，不要因其名中含"烧"而被误导。

菜肴特色：雪菜干酥松香，四宝外脆里嫩。

拔丝哈密瓜

原料调料

哈密瓜 1 只，生粉 300 克，白砂糖 200 克，清油 75 克，鸡蛋 1 只。

制作方法

1. 哈密瓜上段用工具挖球，下段雕刻作为盛器装饰。
2. 鸡蛋液与生粉、清油、水搅成全蛋糊。
3. 哈密瓜球滚上生粉，拖上全蛋糊，放入热油里快速炸至淡黄色，倒出沥油。
4. 锅中留余油，放入白砂糖炒成糖浆，倒入哈密瓜球翻匀糖浆后，盛入盘里，放置在雕刻好的哈密瓜上，快速上席拔丝。

烹饪之道

炒糖、挂糖操作要敏捷熟练是做好此菜的关键。

菜肴典故

"拔丝"是北方菜的一大烹调特色，据文献记载，早在明清时期就已广泛运用了炒糖拔丝的烹饪技巧，蒲松龄在《聊斋文集》中有"而今北地兴掘果，无物不可用糖粘"的描述，京城的冰糖果子、拔丝苹果、拔丝黄菜、拔丝冰糕都是"无物不可用糖粘"的真实写照。

营养知识

哈密瓜含丰富的蛋白质、膳食纤维、果胶、维生素和矿物质等营养成分，不仅营养价值较高，还具有助消化的作用。

菜肴特色：此菜属京帮菜系的甜炒菜，哈密瓜外香甜、里爽脆，独具特色。

宴会菜

庆丰收

原料调料
魔芋粒 250 克，杂菜（玉米粒、青豆、胡萝卜丁）100 克，甜玉米棒 100 克，冬瓜 1 段，素鲜汤少许，盐 2 克，蘑菇精 1 克，蛋清少许，生粉 2 克，红枣 6 粒，清油 15 克。

制作方法
1. 在冬瓜表面雕刻出竹篮图案，挖去瓤，焯水后待用。
2. 杂菜焯水，红枣煮熟，甜玉米棒煮熟，切成六段，待用。
3. 魔芋粒用生粉、蛋清、盐上浆，放入温油中滑熟后，倒入漏勺沥油，待用。
4. 锅中舀入少许素鲜汤，放入杂菜、魔芋粒，调入盐、蘑菇精后勾芡，滴上清油。
5. 冬瓜圈放在盘子中间，盘边围上玉米段和红枣，冬瓜圈里盛入炒好的杂菜和魔芋粒即可。

菜名解释
本菜是 2020 年庆祝丰收节厨艺活动中的一款寓意菜肴。金秋时节，田野林塘中，各种蔬果谷物堆满粮仓，寓意着丰收满满、硕果累累的欢庆景象。

营养知识
这是一道粗中有细的好菜，"粗"指的是魔芋、玉米、胡萝卜等粗纤维食物，"细"指的是上浆、滑油、勾芡和汆煮等烹调加工手法，此菜是"食不厌精，脍不厌细"的体现，也是粗菜精食的典型。

菜肴特色：造型美观，色彩素雅，入口清鲜，营养合理。

鲍汁白灵菇

原料调料

白灵菇 500 克，鲍汁 30 克，西芹 25 克，红椒 25 克，盐 0.5 克，清油 100 克，黄酒 3 克，生粉 25 克，葱段 5 克。

制作方法

1. 白灵菇削去蒂，冲洗干净后，斜刀切成厚片，拍上少量干粉后，用油煎一下捞出，待用。
2. 锅中留少量余油，放入葱段煸香，鲍汁略炒后烹入黄酒，调入盐，加入清水，将白灵菇放入锅中，盖上锅盖烧 2 分钟。
3. 见汤汁收紧时，加入蘑菇精，用水调生粉勾芡，翻匀后出锅，整齐地排放在盘中。西芹、红椒切成条，烫水后，摆放在盘角上即成。

菜肴品鉴

白灵菇体型肥大，肉质嫩滑，口味鲜美，便于成型，适合多种烹调方式，它是菇中之王，也是厨师爱选用的菌菇类食材。鲍汁白灵菇是一款高档的菌菇大菜，食后唇齿留香。

营养知识

白灵菇除富含多种氨基酸、维生素和矿物质外，还含真菌、多糖等多种生物活性物质，具有调节人体生理平衡、增强免疫功能的作用。

菜肴特色：白灵菇色白形大、肉质鲜嫩，鲍汁烹制口味极佳。

芹菜盏

原料调料

香芹 400 克，土豆 75 克，山药 50 克，薯片 8 片，沙拉菜（紫甘蓝）100 克，球生菜 100 克，红椒丝几根，盐 1 克，蘑菇精 0.5 克，葱油 3 克，千岛酱 10 克。

制作方法

1. 香芹去根洗净，放入开水锅中烫熟捞出，用净水浸凉后，切成细粒；土豆煮熟，塌成泥；山药削去皮，切成小圆片，烫熟捞出；待用。
2. 将沙拉菜切成细丝，垫在盘里。
3. 在土豆泥里调入盐、蘑菇精拌匀，再放入芹菜粒和葱油拌匀成芹菜土豆泥，用模具将芹菜土豆泥压成椭圆形并摆放在薯片上，然后盖上一片山药，在山药片上点一滴千岛酱，最后将芹菜盏围摆在盘中的生菜丝上，在中间空隙处堆上生菜丝，点缀上几根红椒丝即成。

知识链接

拌芹菜与高档宴席不相搭配，但经过修饰后的芹菜盏，却是有登殿堂豪宴的条件。嫩香芹经不起煽炒，只有这种拌的方法，才能保持其特有的嫩香味。

营养知识

芹菜中含有多种活性成分，如芹菜素具有抗肿瘤、降血压等食疗作用，富含的钙、磷、铁可维持骨骼健康，经常食用有补铁益血的效果。

菜肴特色：精调细作，芹菜清香，造型美观，新颖时尚。

三丝拌金针菇

原料调料

金针菇 150 克，胡萝卜 25 克，土豆 25 克，青椒 25 克，盐 1 克，葱 10 克，花椒油 2 克，蘑菇精 1 克，花生油 10 克。

制作方法

1. 金针菇切去根部，揉散泡洗后捞出，胡萝卜、土豆刨去皮，与青椒分别切成丝。
2. 锅中放水烧开，先放入土豆丝、金针菇、胡萝卜，烧开后放入青椒丝，待再次水开后将全部原料捞出，沥去水分后，放在干净的容器里，加入盐、蘑菇精、花椒油。
3. 将花生油倒入锅里烧热，放入葱，熬成葱油，再将葱油滤去葱渣后倒进容器里，与三丝和金针菇一起拌匀后，即可装盘。

知识链接

"拌"是制作菜肴时使用的一种烹调技法，按原料的状态一般可分为生拌、熟拌和生熟混拌，"拌"是低能耗低碳、少油少料、环保生态的健康做菜方法。三丝拌金针菇属于熟拌，它是以水为传热介质使原料成熟冷却后再加入调味料拌制而成，四种原料各具质色，融为一菜，搭配合理，脆爽而美味。

营养知识

金针菇含有独特的功能性蛋白，此蛋白具有抗癌、抗过敏和免疫调节的食疗功能。金针菇所含有的铁是菠菜的 20 倍，它还是高钾低钠食品，特别适合高血压病人和中老年人食用。

菜肴特色：四素合一，口感多样，色彩鲜艳，口味脆爽。

热拌黄金耳

原料调料

新鲜黄耳 200 克，生抽 10 克，芥末油 1 克，白砂糖 1 克，黄酒 3 克。

制作方法

1. 黄耳漂洗干净后，改刀成均匀的厚片。

2. 将黄耳片放入开水中烫熟捞出，沥干水分后叠排在盘中。

3. 料碟中放入生抽，加入白砂糖、芥末油、黄酒调匀成蘸料，随黄耳片蘸食即可。

食材知识

黄金耳原名黄耳，是云南地区珍贵的山珍，因其型如脑状，又称脑耳。干货黄耳需冷水泡发，新鲜黄耳可直接使用。黄耳可凉拌，可煲汤，可烹炒，也可搭配其他食材烹调成菜。

营养知识

食用黄耳能滋补养生，它含有镁、钾、钙、铁、磷等矿物质，以及大量的蛋白质、脂肪和维生素，有止咳平喘、补中益气的功效。

菜肴特色：色彩鲜艳，质地软嫩，口味独特，品质珍贵。

葱燆素海参

原料调料
素海参9根，京葱2根，盐1克，蘑菇精1.5克，生抽2克，老抽1克，清油250克（实耗15克），白砂糖3克，生粉2克。

制作方法
1. 素海参放入锅中煮开，捞出浸凉；京葱撕去外衣切成6厘米长的段，并斜剞上一字型花刀，放在油里煎黄，取出待用。
2. 锅中留余油，放入白砂糖炒出糖色后，冲入水固色，再放入素海参，调入盐、生抽和老抽烧至入味，然后放京葱段略烧片刻，最后放入蘑菇精并用水调生粉勾芡，将素海参整齐地排在盘中，京葱段摆放在素海参外围即成。

烹饪之道
素海参要烧制入味，煎葱时要掌握好火候。

菜名解释
在我国，以魔芋为原料的素食食品产业发展迅速，各种素食半成品琳琅满目，形象逼真，如素虾仁、素蟹粉、素鲍鱼、素海参等。本款菜肴以素食仿生半成品为原料，运用原菜的传统烹调方法烹制，因此取名为"葱燆素海参"。

营养知识
素海参是一种仿荤素食，一般用菇、芋、笋、木耳、紫菜之类的食材加工制成，现在也有用魔芋粉等食材直接调制压模而成的。魔芋粉含有丰富的蛋白质，魔芋多糖和钾、磷、硒等矿物元素。素海参中的膳食纤维有促进胃肠蠕动、宽肠通便的功效。

菜肴特色：质感软糯鲜美，口味香醇。

双味腰鲍

原料调料
素腰花 200 克，素鲍鱼 1 只，生鱼片酱油 20 克，青芥末 1 克，白砂糖 1 克，花椒粉 0.5 克，干辣椒粉 0.5 克，沙姜粉 3 克，沙茶酱 5 克，盐 0.5 克，蘑菇精 1 克，香油 3 克，蒜蓉 3 克，黄酒 5 克。

制作方法
1. 素腰花放入开水里烫一下，捞出装在盘子的一边；素鲍鱼开封后，放在纯净水中泡半小时，取出斜切成片，放在盘子的另一端。两者中间则以黄瓜刀花点缀，同时作为分隔线。
2. 制调味一：生鱼片酱油与青芥末放在双味碟的一侧；制调味二：锅烧热，放入香油、蒜蓉、干辣椒粉、花椒粉、沙姜粉、沙茶酱炒香，再放入盐、蘑菇精、白砂糖、黄酒调匀后，盛在味碟的另一边，跟菜上席。

烹饪之道
冷食菜肴注意操作卫生。

菜肴品鉴
双味腰鲍特色鲜明，素鲍鱼配刺身芥末酱油蘸食，素腰花佐以富有特色的自制蘸料食用。干辣椒粉、花椒粉、沙姜粉受热后，会散发出独特的香味，再融入香油、蒜蓉和沙茶酱，更能使得此蘸料香气四溢。素鲍鱼、素腰花质感脆嫩，蘸料的香气和滋味特色各异，这类以香诱人的菜肴在平常的菜谱中并不多见。

营养知识
素腰花是魔芋制品，含大量膳食纤维，是低脂低热量食品，是注重身材管理人士的理想食品。素鲍鱼富含海藻胶蛋白，无胆固醇，低卡路里，高纤维素，与素腰花配伍，有异曲同工之妙。

菜肴特色：素鲍鱼蘸食，辛辣脆爽；素腰片蘸食，味浓鲜香。

白灼时蔬

原料调料
新鲜芥蓝菜 300 克，海鲜菇 100 克，花生芽 100 克，芦笋 100 克，生抽 8 克，老抽 3 克，白砂糖 3 克，蘑菇精 2 克，干辣椒 2 只，大蒜泥少许，黄酒 5 克，白胡椒粉 0.1 克，清油 4 克，洋葱圈少许。

制作方法
1. 将芦笋、芥蓝菜刨去老皮分别切成 10 厘米长的段，海鲜菇、花生芽洗净，剥去花生芽的芽衣。
2. 锅中放水烧开，加入清油、盐，将海鲜菇、芥蓝菜、芦笋分别烫熟捞出，花生芽煮熟捞出，分别将这四种原料放在长盘内排列整齐，洋葱圈横切成四条，略烫后摆放在四种蔬菜的上面。
3. 锅烧热放入油，投入干辣椒、大蒜泥炝锅，烹入黄酒，放入水、盐、生抽、老抽、白砂糖、蘑菇精、白胡椒粉，烧开后成调料，盛入味碟中供蘸食或浇在菜上皆可。

烹饪之道
花生芽须煮熟。

菜名解释
"白灼"是广东地区对一种烹饪技法的称谓，如白灼虾、白灼花螺等，其概念是将原料放入沸水或汤中快速成熟后捞出，再佐以调制好的蘸料或汁水蘸食。白灼菜鲜嫩少油、突出本味、清淡爽口，是一种讲究原汁原味的简洁菜式。

营养知识
花生芽富含白藜芦醇，具有抗肿瘤、降血脂、预防心血管疾病、延缓衰老的作用，有保健养生的价值。

菜肴特色：四种时蔬排列整齐，吃口脆嫩鲜香。

宴会菜

翡翠银芽拌虫草花

原料调料
虫草花 10 克，荷兰豆 100 克，绿豆芽 250 克，盐 2 克，蘑菇精 1 克，葱油 3 克，花椒油 1 克。

制作方法
1. 虫草花用凉水泡软，放入锅里煮 20 分钟左右，取出待用。
2. 荷兰豆摘去茎，斜刀切成丝；绿豆芽掐去头和根成银芽，洗净待用。
3. 锅里加水烧开后放入一点油，将绿豆芽和荷兰豆丝放入焯水，焯熟后捞出放入净水中浸凉，待凉透后捞起滤干水分。
4. 将虫草花、荷兰豆丝和绿豆芽放在容器里，调入盐、蘑菇精、葱油、花椒油拌匀，即可装盘。

烹饪之道
绿豆芽焯水时要控制好火候，应防止过度加热使原料吐水软塌。

食材知识
虫草花虽含有"虫草"二字，但与虫草却不是同一物种。虫草是昂贵的滋补中药，主产于西藏那曲等地的高山草甸区。虫草花则是一种菌类食材，在四川、内蒙古、吉林、福建等都有大量培植。

营养知识
虫草花有抗肿瘤、防三高、抗衰老的食用价值，尤其在美容润肤方面有它的效果，是一款时尚健康的新颖食材。

菜肴特色：色泽光亮，口感脆嫩，鲜爽清香。

宴会菜

拌香芹金针菇虫草花

原料调料
香芹 350 克，金针菇 100 克，虫草花 10 克，盐 2 克，蘑菇精 1 克，麻油 3 克，白胡椒粉 0.1 克。

制作方法
1. 香芹摘去根、叶和老茎，洗净后切成长 5 厘米的段，虫草花泡开后蒸 20 分钟，金针菇切掉根部并洗净，待用。
2. 锅中加水烧开，放入香芹和金针菇焯水后捞出沥尽水分。
3. 将沥干水分的香芹、金针菇和虫草花放在容器内，调入盐、蘑菇精、白胡椒粉、麻油拌匀后，即可装盘。

烹饪之道
选料时要挑选质地脆嫩的香芹，其适合凉拌。

菜肴品鉴
品鉴美食需要明白，真正的美食不在于原料的珍贵和盛器的华丽，而在于菜肴本身色、香、味、形的突出与呈现。此菜素净朴实、原质本味、搭配自然，简明扼要地阐述出了素食的定义。

营养知识
香芹具有控血糖、抗氧化、利尿等功效，但与螃蟹一同食用会影响蛋白质的吸收，与黄瓜同食会影响维生素 C 的吸收效果。

菜肴特色：色泽鲜艳油亮，口感鲜美脆爽、咸鲜清香。

店肆菜

　　店肆菜也叫作市肆菜、肆家菜，是酒馆、饭店里烹制的菜肴，它是随着贸易的兴起而发展起来的，商业性较强。

　　店肆菜技术含量高，风味多样。菜品会随着市场需求的变化而不断变化，它以不同的风格、不同的形式来满足社会各阶层、各种生活水平和各种口味的食客们的需要。店肆菜不仅品种繁多、包罗万象，而且还不断推陈出新。为了在竞争中生存，厨师们常常通过技术学习、采风纳物、互通有无等方式使新的肴馔在市场中不断涌现，进而积极推动烹饪技术的发展。酒肆菜兴始于秦汉，距今已有两千多年的历史。博取百家之长、适得各方水土，使得其技法多样、善于变通且菜式丰富、精于融汇。

　　店肆菜的制作难度高，有较强的专业性，讲求菜肴特色，注重突出风味、食材、烹饪技法等，追求菜品艺术，注重色、香、味、形、器的搭配。为了保证在市场竞争中的优势，有些薪火相传、匠心独运的配方和技法往往是秘不外宣的，这更增添了中国烹饪技艺的神秘感和魅力。

家常豆腐

原料调料
内酯豆腐 500 克，木耳 20 克，红椒 20 克，菜心 5 克，笋片 20 克，郫县豆瓣酱 20 克，红（辣）油 3 克，白砂糖 3 克，生粉 3 克，生抽 2 克，老抽 1 克，蘑菇精 1.5 克，清油 500 克（实耗 20 克），葱姜末 10 克。

制作方法
1. 豆腐改刀成三角厚片，放在热油里炸至结皮捞出，菜心切成两半，焯水后待用，郫县豆瓣酱剁细待用。
2. 锅烧热放入油、郫县豆瓣酱、葱姜末炒香，加入豆腐片、笋片、木耳、水、白砂糖、生抽、老抽，烧开后盖上锅盖焖 2 ～ 3 分钟，最后放入菜心，加入蘑菇精，勾芡翻匀后，淋入红油装盘即成。

烹饪之道
内酯豆腐选料应选用内酯中豆腐，其品质紧实，反之易碎；豆腐炸至结皮即可，切勿炸过炸老；烧时要盖上锅盖，方能入味。

知识链接
家常豆腐色泽金黄，外皮松软，里嫩带卤汁。现今菜场里虽有炸好的豆腐块销售，但它已失去家常做法所达到的品质，故风味不够"家常"。有时，家常豆腐的"家常"，是其他技法替代不了的。

营养知识
内酯豆腐改变了传统卤水点豆腐的制作方法，减少了蛋白质的流失，提升了保水率，且豆腐质地细嫩平滑有光泽。但食用过多易引起消化不良，一般不建议老年人长期大量食用。

菜肴特色：色泽金红，咸鲜香辣，豆腐软糯，是川帮的特色
名菜。

麻辣豆腐

原料调料

嫩豆腐1盒，蘑菇75克，蒜泥、姜末、葱花各3克，郫县豆瓣酱10克，老抽2克，生抽3克，红（辣）油3克，花椒油2克，清油5克，生粉3克，蘑菇精1克。

制作方法

1. 嫩豆腐切成丁，蘑菇切成末，郫县豆瓣酱斩细。
2. 豆腐放入冷水锅中焯水后捞出，锅烧热放入清油，依次放入蘑菇末、豆瓣酱、葱姜蒜末炒出香味，再放入豆腐、水、老抽、生抽，盖上锅盖烧2分钟。
3. 见汤收紧时，调入蘑菇精并用水调生粉勾芡，淋入红油、花椒油，撒上葱花盛装入盘即可。

烹饪之道

豆腐必须焯水，烧时盖上锅盖增加压力，使豆腐入味。

菜肴品鉴

麻婆豆腐是一道赫赫有名的川帮看家菜，以牛肉糜作为辅料是这道菜的精髓。弃荤纳素同样能使素食者享受这道传统美味，此菜用蘑菇替代牛肉糜烹制，同样能烧出与麻婆豆腐近似的味道。

营养知识

本菜是香料调料合理使用的典范之作，虽说健康饮食以清淡为主，但偶食辛辣并非不可，且此菜有通血脉、提精神、增进食欲之效，因此要客观看待健康饮食的定义，合理地选择食物及菜肴。

菜肴特色：色泽金红光亮，豆腐咸鲜香辣，这是一道著名四川特色菜的素烧法。

店肆菜

辣白菜

原料调料

大白菜（最好用胶菜）800 克，姜 30 克，花椒 15 粒，干红辣椒 5 只，白砂糖 80 克，白醋 60 克，香油 5 克，花生油 5 克，盐 5 克。

制作方法

1. 大白菜取梗部，用刀批薄并改刀成 7 厘米宽的段，再顺长切成丝，取 3 只干红辣椒切成段。

2. 将白菜丝放入盆中，撒上盐拌一下，腌 1 小时左右使其出水，捞起腌透的白菜丝，挤去水分后，放进罐内，加入白砂糖、白醋拌匀腌制。

3. 锅中放入花生油和麻油烧热，放入花椒、干红辣椒炸香，将油倒入腌制的白菜中。

4. 余下的 2 只干红辣椒用凉水泡软后切成细丝，姜去皮也切成细丝，将红椒丝和姜丝放入白菜中拌匀，封口静置 5 ～ 6 小时后，即可装盘食用。

菜肴品鉴

辣白菜是一款山东名菜，这款菜采用当地特产"胶菜"作为原料腌制而成，利用花椒、干辣椒被热油爆出的香味，使得呈菜白嫩爽口、酸辣含香。它是冬日里一款特色的凉菜，是深受食客喜爱的餐前开胃小菜。

营养知识

大白菜中钙的含量比番茄高 5 倍，维生素 C 含量比黄瓜高 4 倍，是预防糖尿病和肥胖症的健康食品。胶州大白菜种植时用豆饼、鸡粪作肥，人工抓虫，不打农药，外叶青翠，芯叶嫩白，生食清脆，熟食甘美，是著名的山东特产。《纲目拾遗》中记载大白菜"食之润肌肤，利五脏，且能降气"。鲁迅先生在《朝花夕拾》一书中也曾描述到"胶菜"的名贵。其具有降低胆固醇、软化血管、防止动脉硬化之功效，对心脑血管、贫血等疾病有一定的食疗功效。

菜肴特色：洁白脆爽，红丝点缀，甜酸适口，咸度适中。

虎皮青椒

原料调料

薄皮椒 400 克，白砂糖 50 克，山西老陈醋 40 克，生抽、老抽各 3 克，清油 400 克（实耗 25 克），香油 5 克，蒜泥 3 克。

制作方法

1. 薄皮椒洗干净，去掉蒂和籽，用手拆成随意块状。
2. 锅中放入油烧至七成热，推入薄皮椒，炸至表皮揪起成虎皮状倒出沥油。
3. 锅中留余油，放入蒜泥炒香，倒入青椒，加入生抽、老抽、白砂糖、陈醋与青椒同炒，炒至酱汁收紧即可，滴上香油出锅装盘。

烹饪之道

油要热，甜酸投料要准确。

知识链接

油脂在高温作用下可软化植物纤维，这是烹饪的原理之一，虎皮青椒就是以此烹饪原理为依据，经高油温处理后烹制而成。"要看油温高不高，就看青椒虎皮皱不皱"——这句话便是此菜成馔良莠的不二口诀。

营养知识

青椒属深色蔬菜，其富含维生素 C、胡萝卜素、辣椒素，有抗氧化、防癌变的功效，它所含的叶绿素还能起到降胆固醇的作用。用青椒做菜有增食欲、助消化、降脂减肥的效果。

菜肴特色：青椒皮皱起如虎皮，肉质软糯，甜酸味香。

酱包茄子

原料调料
杭州茄子 450 克，黄酱 7 克，老抽 1 克，生抽 2 克，白砂糖 6 克，香油 3 克，蒜泥 3 克，葱花 3 克，清油 400 克（实耗 25 克），蘑菇精 1 克。

制作方法
1. 茄子切去两头，改成滚刀块。
2. 锅中放入油烧热，放入茄子快速炸软，捞出沥油。
3. 锅中放入蒜泥、葱花、黄酱炒香，调入白砂糖、生抽、老抽、蘑菇精定味，将茄子倒入锅中翻匀，即可装盘。

烹饪之道
茄汁易吸油，油里炸好的茄子放在漏勺中的时间应长一些，将油沥净一些。

知识链接
酱包茄子也有家庭版的简易做法：茄子切块，蒸熟取出；锅烧热放入油，放入葱蒜炒香，加入黄酱炒一下，放入糖、酱油、蘑菇精炒匀后放入蒸熟的茄子，滴上麻油即成。家庭版做法无需油炸，能达到低温、低碳且省事的目的，虽然色型稍逊，但美味不减。

营养知识
黄酱是将黄豆炒熟磨碎后经发酵而成，富含蛋白质、脂肪、维生素等多种成分，尤其是其中的脂肪多为不饱和脂肪酸，与大豆磷脂一样，有保护血管、预防脂肪肝等功效，是一款经典的发酵类食材。

菜肴特色：茄子软糯，咸鲜带甜。

店肆菜

醋熘土豆丝

原料调料

土豆 350 克，青椒 1 只，山西老陈醋 75 克，盐 1 克，蘑菇精 0.5 克，花生油 15 克，葱段 5 克，麻油 0.2 克。

制作方法

1. 土豆削去皮，切成丝，青椒切成丝。
2. 土豆丝用水冲洗后沥去水分。
3. 锅上火烧热，用油炼一下锅，放入葱段和土豆丝用旺火快速煸炒，炒至断生后，随即放入青椒丝、盐、蘑菇精，最后烹入醋，滴上麻油，即可出锅。

烹饪之道

醋熘土豆丝以秦陕做法为正宗，山西老陈醋、陕北黄土豆生煸而成，使菜肴质感软爽、醋香扑鼻。而烫水炒、浇白醋所成皆不正宗，是为伪菜肴。

食材知识

山西老陈醋是我国四大名醋之一，号称天下第一醋，距今已有 3000 多年的历史沿革。山西陈醋按酸度分档，当"酸"达到 6 度时才能称得上"正宗"，正宗老陈醋以色、香、味、醇、酸这五大特征闻名于世。醋熘土豆丝始创于山西，固以山西老陈醋为调料烹制，山西老陈醋那浓厚的酸和香醇味是其他醋所不可比拟的。

菜肴特色：土豆断生，脆中有软糯感，口味咸鲜，酸中有香，有
　　　　　浓郁的西北风味特征。

白灼秋葵

原料调料

红秋葵 50 克，绿秋葵 20 克，红椒丝 10 克，清油 10 克，生抽 20 克，黄酒 10 克，白砂糖 4 克，白胡椒粉 0.2 克，蘑菇精 2 克，蒜片 2 克，干辣椒 2 只。

制作方法

1. 锅烧热，放入少量的清油，投入蒜片、干辣椒爆香，再加入黄酒、水、生抽、白砂糖、白胡椒粉、蘑菇精调正味后倒入碗中。
2. 绿秋葵修去蒂与尖后切成二片，红秋葵修去蒂与尖后斜切成片。
3. 锅洗净，倒入清水烧开，加入一点油，放入绿秋葵烫熟捞出排装在盘中，再将红秋葵烫熟后捞出放在两头。
4. 摆上红椒丝，浇上料汁即成。

烹饪之道

秋葵选料尽量形态一致，调制料汁时，按个人喜好口味可微调。

知识链接

秋葵是寒性食物，不宜与其他寒性蔬果同食，如苦瓜、柿子等。秋葵在加热成熟后会产生较多黏液且变得黏糊，故烹调时，宜快速煸炒或汆烫成熟，不建议烧汤慢炖。

营养知识

此菜将秋葵在水中烫后捞出，不仅保证了脆爽的口感，还避免了因久煮或高温烹调所造成的营养流失，最大程度地保全了各类营养素，是科学合理的烹调方法。

菜肴特色：造型整齐美观，口感脆嫩爽口，清香味美。

蚝油茭白

原料调料

茭白 500 克，毛豆仁 75 克，葱丝、洋葱丝少许，蚝油 15 克，生抽 5 克，蒜泥 3 克，白胡椒粉 0.3 克，清油 500 克（实耗 20 克），盐 0.5 克，白砂糖 2 克，黄酒 2 克，麻油 3 克，生粉 2 克。

制作方法

1. 茭白刨去皮，用瓦楞刀切成波浪形。
2. 锅中放油烧热，放入茭白过一下油后，倒出沥油。
3. 锅中留余油，倒入毛豆仁先炒一下，再放入蒜泥、蚝油、白胡椒粉炒香，烹入黄酒后加水，再放入沥过油的茭白，随即调入生抽、白砂糖，盖上锅盖烧 2 ~ 3 分钟，见汤稠浓时，勾芡翻锅，滴上麻油后装盘，撒上葱丝即成。

食材知识

茭白也叫茭笋，是多年生宿根水生草本植物。它可分为双季和单季两个品种，双季品种产量高，品质好。上海近郊的青浦练塘茭白和无锡茭白品质上乘，色白、体胖、肉嫩。

营养知识

茭白清热解毒，夏天吃能防中暑。此外，茭白含大量的膳食纤维，可帮助胃肠道蠕动，达到宽肠通便的效果，尤其适用于高血压患者和饮酒过量人士。

菜肴特色：茭白弯曲，形态雅趣，吃口鲜香脆嫩。

干烧四季豆

原料调料
四季豆 450 克，榨菜末、葱姜蒜末各 2 克，红椒 1 只，盐 1 克，香油 1 克，清油 500 克（实耗 20 克）。

制作方法
1. 四季豆撕去筋，清洗一下滤干水分，折成段，红椒切成细丝待用。
2. 清油倒入锅中烧热，放入四季豆炸至表面皱皮，捞出沥去油。
3. 锅里留余油，先放入葱姜蒜末、榨菜末煸一下，再加入少量水和盐，放入四季豆，慢慢翻炒，使其入味，待锅中水分炒干，滴上香油，撒上几把烫熟的红椒丝，即可出锅装盘。

烹饪之道
油炸四季豆时，要控制好油温，温度过高，色暗易焦黄，温度低，质感硬而不嫩。

食材知识
四季豆虽冠名以"四季"，实为春秋两季才能适合生长的"两季豆"，盛夏与寒冬，豆角的藤根都已枯萎，何来豆角？当然，在暖棚反季节种植生长的或者异地种植的则另当别论。喜欢烹饪的朋友应懂得食材知识，要有鉴别各种食材优劣的能力。

营养知识
四季豆不仅能促进人体生长发育，更有促进皮肤新陈代谢、美容养颜的食用功效，是一款值得推荐的经济营养型绿色健康食材。

菜肴特色：四季豆碧绿生青，口感软嫩，清香爽口。

白灼芥蓝菜

原料调料
芥蓝菜 500 克，红椒 1 只，生抽 5 克，老抽 1 克，黄酒 3 克，白砂糖 2 克，白胡椒粉少许，干辣椒 2 只，大蒜片 2 克，清油 5 克，蘑菇精 1 克，盐 1 克。

制作方法
1. 芥蓝菜刨去皮，切成长 9 ～ 10 厘米的筷子条形，然后放入开水锅中焯水，锅里放少许油，焯熟后，捞出整齐地排放在盘内。
2. 红椒横段切出两根半圆形的条，经热水烫后拦腰摆在芥蓝菜上。
3. 锅中放入油，投入干辣椒爆香，再放入大蒜片、黄酒、白胡椒粉、生抽、老抽、盐、蘑菇精、白砂糖和少量的水烧成料汁，将料汁浇在芥蓝菜底边即成。

烹饪之道
料汁需调配适当，才能制出美味。

知识链接
"白灼"的成熟方法在粤菜中广泛运用，可荤可蔬，白灼成菜的原料要符合新鲜、脆嫩、细小的原则，同时出品品质要符合清淡少油的特点。

营养知识
芥蓝含有丰富的维生素 C、糖类、蛋白质、矿物质及有机碱，能增进食欲，促进消化，提升免疫力，具有抑制过度兴奋、消暑解热的功效。

菜肴特色：色泽碧绿光亮，口感脆嫩清香。

店肆菜

油焖笋

原料调料
春笋 600 克，生抽 7 克，老抽 3 克，白砂糖 5 克，菜籽油 10 克，香油 3 克，葱 3 克。

制作方法
1. 春笋削去老头，剥去壳，切成滚刀块；葱切成段待用。
2. 锅烧热，加入菜籽油炼熟，放入笋块稍炸后倒出，锅中放入葱段煸香，接着放入笋块煸透，调入白砂糖、生抽、老抽和水，盖上锅盖焖烧 7～8 分钟。
3. 见春笋色呈枣红、汤汁收紧时，放入香油翻锅，装盘即成。

烹饪之道
春笋煸透更易进味，盖上锅盖焖烧，能使其入味。

菜肴品鉴
竹笋是江南春季的美味食材，过去曾有"居不可无竹，食不可无笋"之说。浙江富阳黄壳山笋的品质较好，鲜嫩、肉松、无苦涩味。在市肆食馔中，油焖笋是笋类菜肴中点菜率极高的菜肴，油焖的烹调方式使得春笋呈菜鲜嫩脆爽、咸甜适口，成为脍炙人口的一道春季好菜。

营养知识
春笋是春季养肝的极佳食材，具有滋阴养血的功效，对因肝脏供血不足引起的近视、眼干、眼涩有较好的缓解作用，其富含植物蛋白及多种微量元素，有助于提高人体免疫力。

菜肴特色：色泽枣红，咸中带甜，鲜香脆嫩。

店肆菜

糖醋兰花小黄瓜

原料调料
小黄瓜 500 克，白砂糖 75 克，白醋 50 克，盐 3 克，葱油 2 克，嫩姜 3 克。

制作方法
1. 黄瓜刨去皮，横放在干净的砧板上，持刀刀刃与黄瓜呈 15 度斜角，用推刀法深切至黄瓜 2/3 处，将黄瓜翻面，使刀纹的正背面朝上，同样用斜刀 15 度，深切至 2/3 处的刀工处理方法，将黄瓜刽上刀花，嫩姜切成细丝待用。
2. 将刽过花刀的黄瓜放在容器内，加入盐，腌半小时，待黄瓜变软出水后，滗去水分，容器中放入白砂糖、白醋、姜丝、葱油拌匀，腌制 1 ～ 2 小时，黄瓜入味后取出，装盘即可。

烹饪之道
刽刀花的关键在于掌握好正反两面刀与原料的斜度，操作难度在于控制好下刀的深度。

菜名解释
"兰花"是厨师运用刽刀技法将原料刽切成形似或神似兰花状的美称，是美化原料的一种刀工技法，诸如兰花干、兰花肫等耳熟能详的菜点。此菜中刽花刀可使黄瓜拉长至原来的三四倍，造型俗称"盘龙黄瓜"，深受儿童喜爱。

营养知识
在本菜的制作中，运用刽花刀的方法，增加了调味料和食材的接触面，同时采用两次腌制的方法，进而使菜品增味。本菜既是传统的冷菜，也是利用刀工技法和调味方法提升菜肴风味和营养价值的典范。

菜肴特色：质感脆嫩，甜酸适口，非常开胃。形美易延展，适合
选作幼儿园的饮食菜肴。

炒核桃花生芽

原料调料

花生芽 200 克，核桃仁 100 克，小竹笋 100 克，西芹 75 克，红椒 75 克，盐 2 克，蘑菇精 2 克，生粉 1 克，清油 3 克。

制作方法

1. 花生芽洗净切成两段，核桃仁用热水泡开后，撕去衣膜，小竹笋剪成段，西芹斜切成条，红椒切成条，待用。
2. 核桃仁放入沸水锅里煮 15 分钟，花生芽煮 5 分钟，笋段煮 1 分钟。
3. 锅中放入油，烧热后放入上述原料，加入水、盐、蘑菇精烧开后，勾点薄芡并翻匀，滴上油后装盘即可。

知识链接

时代在发展，新原料、新吃法也在不断地涌现。原本芽菜类品种中绿豆芽、黄豆芽"一统"的局面也被豌豆芽和花生芽打破。花生芽粗壮挺拔、脆嫩爽口，逐渐成为餐桌上新的宠儿。

营养知识

花生芽又称作长寿芽，是花生出芽后的产物。花生芽不但能够生吃，而且营养丰富，富含维生素和钾、钙、铁、锌等矿物质，尤其是蛋白质和粗脂肪的含量居各类蔬菜之首，被誉为"万寿果芽"。

菜肴特色：原料新颖，烹制简单，口味素雅，爽口清淡。

老醋腌黄瓜

原料调料
嫩黄瓜 750 克，盐 3 克，白砂糖 50 克，老陈醋 70 克，花椒、干辣椒、清油、麻油适量。

制作方法
1. 黄瓜洗净剖开，挖去瓜瓤，切成段，用盐腌软，挤去水分。
2. 黄瓜放入盛器中，放入白砂糖、老陈醋腌渍。
3. 锅中放入麻油、清油，烧热后放入花椒、干辣椒爆香，倒入黄瓜里一起腌渍 6～7 小时，
   待入味后，取出装盆。

烹饪之道
盐腌时不能咸，否则偏味。酸甜用量调制合适，否则也会逊色。

食材知识
市场上的黄瓜一般有三种，一种是北方生长的带刺长黄瓜，这种黄瓜瓤少，碧绿脆嫩，适用
于腌制，一种是荷兰品种的水果黄瓜，再一种则是上海本地黄瓜，本地黄瓜短而粗，色淡水
分多，食用老黄瓜时，该品种最佳。

营养知识
老陈醋不仅有开胃促消化的作用，还有缓解疲劳、降血压、杀菌消炎等功效，堪称调味佳品。
但胃酸过多、胃溃疡及咳嗽患者须慎用。

菜肴特色：老醋香浓，酸甜适口，脆嫩爽口，略带微辣。

生煸草头

原料调料
新鲜小叶糯性草头 350 克，笋丝 25 克，盐 1 克，白砂糖 1 克，白酒 5 克，生抽 2 克，清油适量。

制作方法
1. 草头摘去茎，洗净后滤干水分。
2. 炒锅烧热放入油，油热后，倒入草头、笋丝快速搂炒，同时调入盐、生抽、糖，出锅时烹入白酒装盆。

烹饪之道
烹调过程中必须旺火热油，快速搂炒。炒草头用油一定要多些，在高温条件下可软化植物纤维，食用时，更觉软嫩滑糯。

食材知识
草头是上海本地的称呼，江苏称之为金花菜、三叶菜。草头是菜农的精细蔬菜，产量低、费工时。从种植到采割加工都是费工费时的精细活，在蔬菜公司称之为精细蔬菜。初秋播种，深秋叶片肥糯时，食用最佳。讲究的老饕，草头净食叶，不带茎。草头一般生长于秋春二季，唯有秋春两季才是草头割叶的最佳食用期。

营养知识
草头的蛋白质、钙、磷含量远超菠菜，是低血糖负荷食物，非常适于糖尿病患者食用。它耐寒抗旱、抗病虫，整个生长过程无需施化肥洒农药，是真正意义上的无公害绿色食品。

菜肴特色：色彩碧绿，口味鲜香，质感软糯。

荠菜笋菇豆腐羹

原料调料
豆腐 250 克，荠菜 150 克，麻菇 75 克，冬笋 50 克，蛋清 2 只，清油 10 克，盐 3 克，胡椒粉 0.5 克，蘑菇精 2 克，生粉适量。

制作方法
1. 豆腐搅碎，滤去水分，放在容器内，用清水、盐、生粉、蛋清调匀成糊，待用。
2. 荠菜洗净，开水烫熟后切成末。
3. 冬笋、麻菇切碎，待用。
4. 锅里先放入水、冬笋、麻菇烧开，再加入盐、蘑菇精、胡椒粉调味，并用水调生粉勾芡，然后把豆腐与鸡蛋调成的糊倒入锅中调散，最后放入荠菜末、清油，烧开即可装盆。

烹饪之道
豆腐要搅碎，下锅时注意不要结块。荠菜烧制时间不宜过长，否则变黄则不香。

知识链接
荠菜是生长在秋冬季的时令蔬菜，野生的荠菜品质更甚。扬州地区对此菜情有独钟，且做法多样，其中鸡粥荠菜是民间流传下来的一道鲜味十足的佳肴。荠菜笋菇豆腐羹以豆腐替代鸡肉，采用鸡粥荠菜的烹调方法制作，成品效果亦佳。

营养知识
此菜原料覆盖面广，包括叶菜、菌菇、根茎类及豆制品，各类营养素融合汇集、加工精细，不仅营养价值高，而且易于消化吸收，适合不同年龄段的人群食用。

菜肴特色：绿白相间，鲜香滑嫩，味觉层次多样。

茄汁锅巴

原料调料

糯米锅巴 300 克，杂菜（青豆、玉米粒、胡萝卜丁）80 克，番茄 1 只，番茄酱 50 克，白砂糖 75 克，白醋 60 克，生粉 10 克，清油 500 克，洋葱末 10 克。

制作方法

1. 番茄洗净，切成块。
2. 锅中放油烧热，放入锅巴炸好捞出，放在盘里。
3. 锅内留余油 10 克，放入洋葱、番茄、番茄酱炒出红油，加入少许水、白砂糖、白醋、盐、杂菜烧开后，用水调生粉勾芡，淋入热油盛入碗中，上席时将汁浇在锅巴上即可。

烹饪之道

炸锅巴油要热，甜酸口味要兑制准确。

菜肴品鉴

茄汁锅巴这道菜在苏锡帮的菜馆中又被称为"平地一声雷"，这么响亮的名字当然有它的道理。饭店将烧饭锅底的锅巴吹干后，放在热油中炸发起松，紧接着将炒好的番茄汁浇头趁热浇锅巴上，这时锅巴在热汁的作用下，发出滋滋的响声，霎时间卤汁起泡，热气沸腾，因声色造势，故被霸气地称为"平地一声雷"。动态的菜肴并不多见，此菜便是一例典型。

营养知识

青豆、玉米、胡萝卜和番茄能提供一定量的蛋白质、维生素和矿物质，达到营养均衡。松香的油炸锅巴和酸甜可口的茄汁佐食，愉悦又开胃，尤其适合处于生长发育阶段的青少年食用。

菜肴特色：茄汁红润，锅巴脆香酸甜。

店肆菜

生焖腐竹香菇

原料调料
腐竹 250 克，干香菇 50 克，白砂糖 10 克，生抽 5 克，蘑菇精 1 克，盐 0.5 克，清油 5 克，香油 3 克，生粉 2 克。

制作方法
1. 腐竹和干香菇分别放入冷水泡 5 ～ 6 小时，腐竹切成寸段，香菇放在锅里，加清水烧半小时，使其充分回软。
2. 锅烧热放入油，倒入白砂糖炒制，待糖融化呈金红色时，立即加进适量冷水，定色成糖色；将香菇、腐竹放入锅中，调入盐、蘑菇精、生抽，盖上锅盖烧 5 ～ 6 分钟，待汤收紧时，勾薄芡，滴上香油，即可出锅装盘。

烹饪之道
炒糖色稍有难度，一要炼锅到位，二要把握火候。

菜肴品鉴
腐竹是煮豆浆时凝结在表面的一层蛋白质精华，挑卷起来吹干即成腐竹。它是豆制品中营养成分较高的食材，与香菇一起烹制，口味互为补充，呈菜色、形、味、质俱佳，是一道老少皆宜的京鲁传统名菜。

营养知识
腐竹和干香菇都是干货，干货除了水分及水溶性维生素不及鲜品，其他营养成分几乎相同，所以，善于运用干货制品以补益鲜品原料的不足，这也是膳食合理搭配的艺术。

菜肴特色：色泽铜红光亮，口感松软，咸鲜适中，焦糖味香浓。

糟三样

原料调料
毛豆 200 克，茭白 150 克，素鸡 15 克，红椒半只，糟卤 500 克，清油 300 克（实耗 20 克）。

制作方法
1. 毛豆剪去两头并洗净，入水煮熟捞出，浸入冰水中快速降温；茭白刨去皮，用刀切成滚刀块；素鸡切成粗丁，用油炸泡捞出；红椒切成菱形，焯水捞起；待用。
2. 将三样原料浸入盛有糟卤的容器内浸泡 2 ～ 3 小时，入味后取出分别装在三个一组的盛器内，表面再放上些红椒粒，点缀即成。

烹饪之道
糟卤在使用时，因糟的香味被食材吸收，从而降低了糟卤重复使用的效果，虽然还可以在使过的糟卤里添加新的糟卤保持足够的香味，但如果糟卤变得浑浊就不能再用了。

知识链接
香糟类凉菜是上海本帮风味的一大特色，以往行业内将其称为"糟货"，并仅限于本帮饭店供应。曾经沪上同泰祥饭店的糟货最为出名，一般只供应荤菜，如糟肉、糟鸡、糟肚、糟凤爪等。20 世纪 80 年代后，随着食品工业的发展，"糟卤"成为商店出售的调味品，使得原本烦琐的糟货制作变得简单，从此，这种新颖的特色调味料被普及到了社会餐饮和生活饮食中去，糟制品也因此变得名目繁多，品种也扩展到糟鱼、糟虾、糟毛豆、糟茭白、糟素鸡等系列食品。

营养知识
糟卤是从酒糟中提取出香气浓郁的糟汁加入辛香调味制成的咸鲜味卤汁，具有健胃消食的功效。

菜肴特色：糟香浓郁，吃口清爽，是上海本帮的一道特色凉菜。

店肆菜

脆皮豆腐卷

原料调料
春卷皮 150 克，白芝麻 50 克，老豆腐 150 克，鸡蛋 1 只，蘑菇 25 克，香芹 50 克，五香粉 3 克，千岛色拉酱 15 克，土豆松 50 克，菜松 15 克，清油 500 克，盐 2 克，蘑菇精 1 克。

制作方法
1. 豆腐切成片后，放入冷水锅中焯水，捞出锅中豆腐，挤去水分后塌成泥；蘑菇和香芹焯水后切碎，挤去水分；将豆腐、香芹、蘑菇一起放在容器内，调入盐、蘑菇精和鸡蛋搅匀成馅心。
2. 将春卷皮摊平，包入豆腐馅，卷拢成圆柱体，用刀将豆腐卷斜切成段，并在斜刀截面涂上点蛋液、蘸上白芝麻，待用。
3. 锅中倒入油烧热，放入豆腐卷炸至金黄脆硬时捞出。
4. 盘内铺上土豆松，将豆腐卷摆排整齐，再将菜松点缀在豆腐卷上面，跟碟五香粉和千岛色拉酱即可。

菜肴品鉴
豆腐发源于汉代安徽寿县的八公山，相传是先人们在煎药炼丹时，偶然将石膏点入豆汁，发现其凝结现象后，经长期研究尝试而成。豆腐是最具中国特色的食材，以豆腐为原料制作的佳肴数不胜数，本款脆皮豆腐卷便是其中脍炙人口的佳品。

营养知识
以米面制品作为皮，皮内卷包蔬菜、豆制品、菌菇等食材是简单方便的菜肴点心成型方式。从营养角度出发，这样用"包卷"手法制作菜肴，不同的人群可以根据自身喜好选择搭配，或熟食或生吃，如此也是食材和营养能被均衡摄入的实用做法。

菜肴特色：色彩美观，外脆里嫩。

香菜韭黄拌腐衣

原料调料
豆腐衣 100 克，香菜 50 克，韭黄 100 克，洋葱 30 克，盐 1 克，生抽 2 克，蘑菇精 1 克，清油 10 克，香油 2 克，花椒 10 粒。

制作方法
1. 豆腐衣放入凉水泡软后，切成条，韭黄洗净切成段，香菜洗净后切成段，洋葱切成丝，待用。
2. 锅中放水烧开，分别将豆腐衣、韭黄焯水后捞出放入净水中浸凉，浸凉后捞出沥去水分放入容器中，调入盐、蘑菇精、生抽拌一下。
3. 锅烧热，放入清油、香油，投入花椒炸香捞出，再放入洋葱丝炸香后捞出，将油倒入豆腐衣中拌匀后装盘，最后将炸过的洋葱丝放在豆腐衣的顶端即成。

知识链接
豆腐衣虽然营养成分很高，但无味，韭黄、香菜、洋葱均是芳香浓郁的原料，容易激发食欲。豆腐衣与韭黄、香菜拌制，再同洋葱油、花椒配伍，实现了味的互补，达到了芳香美味的效果。

营养知识
香菜（芫荽）营养丰富，能开胃醒脾，春夏可采。香菜中所含的维生素 C 和胡萝卜素比一般的蔬菜高得多，10 克香菜叶就能满足人体一天对维生素 C 的需求量。《本草纲目》中有"芫荽性味辛温香窜，内通心脾，外达四肢"的记载。

菜肴特色：豆腐衣松软，香菜、韭黄脆嫩浓香，口味清爽别致。

拌蒜薹

原料调料
蒜薹 250 克，白玉菇 75 克，红椒 50 克，盐 1 克，花椒油 3 克，蘑菇精 1 克，清油 2 克。

制作方法
1. 蒜薹刨去外皮；红椒摘蒂去籽，切成寸段；白玉菇剪成均匀的寸段；分别洗净待用。
2. 锅中放入清水烧开，先加入清油，再将原料一齐倒入，并用急火将水烧沸后，立即捞出浸入凉开水中降温至 60～70 ℃时，取出沥干水分。
3. 将断生并沥干水分的蒜薹、白玉菇、红椒段放入干净的容器中，调入盐、蘑菇精、花椒油拌匀后，装盘即成。

知识链接
在生活中，蒜薹的烹饪方法一般是或炒或烧，而在此菜中将蒜薹刨去皮并使用"拌"的方法烹调呈菜，不仅减少了蒜薹的辛辣味，而且突出了蒜薹脆嫩的口感。

营养知识
蒜薹含有的蒜辣素，有杀菌、祛脂、降压、养肝和预防流感的食疗作用；蒜薹含有的多种维生素、矿物质和植物纤维能增强机能、促进消化。

菜肴特色：色彩鲜艳，口感脆嫩，做法新颖，别具一格。

店肆菜

炸响铃

原料调料.

豆腐衣 3 张，芋艿 75 克，榨菜 15 克，红椒丝 3 克，素肉 25 克，蘑菇 25 克，盐 1 克，蘑菇精 1 克，葱花 5 克，清油 500 克（实耗 15 克），白胡椒粉 0.2 克，盐 1 克，香油 3 克。

制作方法

1. 芋艿入水煮熟，剥去皮，塌成泥，放在小碗里；蘑菇、榨菜、素肉切成末，拌进芋艿泥，调入盐、蘑菇精、葱花、白胡椒粉、香油拌匀成馅料。
2. 豆腐衣在案板上摊平，在一侧放上馅料并轻轻地卷拢成条，然后切成段，同时轻压两头，待用。
3. 油锅烧热，将豆腐衣段放入热油中，炸至发泡并色呈金黄，捞出沥油后装盘，再撒上几根红椒丝即成。

烹饪之道

馅料不能包多，否则不脆。

菜肴品鉴

炸响铃原本是一道著名的杭帮风味菜，主要原料是豆腐衣，豆腐衣也称豆腐皮，是豆制品中蛋白质含量极高的食品，油炸后异常脆香。这款菜用料少，味道好。薄薄几张皮，区区一点馅，成品一大盘，物美又价廉。而本菜借鉴其制法，将原菜所使用的荤馅改为素馅，菜品的口味也毫不逊色。

营养知识

本菜属油炸类菜肴，食材丰富，味道鲜美。饮食健康，不必谈"油"色变，只要有所控制，适量食用并无不可。营养带来健康，美味提振食欲，兼顾自身实际，享受美食的魅力。

菜肴特色：外脆香，里鲜软。

店肆菜

绿茵松茸菌

原料调料

松茸菌 200 克，青豆瓣 200 克，素鲜汤 300 克，蘑菇精 1.5 克，盐 3 克，红椒末 2 克，白胡椒粉 0.2 克，葱油 3 克，清油 3 克，生粉 5 克。

制作方法

1. 青豆瓣入水煮熟后，用粉碎机打成泥茸状；松茸菌洗净，切成片。
2. 锅中放入素鲜汤、豆瓣泥，调入盐、蘑菇精、白胡椒粉烧开后，用水调生粉勾芡，滴上葱油后，盛装在盘内。
3. 水烧开，放少许盐和清油，将松茸菌片小火烫熟后捞出，整齐地排摆在豆瓣泥上面，红椒末经开水烫后点缀在松茸上即可。

食材知识

松茸菌又名松口蘑，是一种珍贵的菌菇品种，属于高档食材，其色白质软、味道鲜美、营养丰富，也可作药用滋补。在我国东北与西南山区，每年初春雨后出土生长。因松茸稀少，采之不易，所以市场价格昂贵。

营养知识

松茸营养价值很高，具有多种天然活性糖，有抗癌变、美容养颜、提高免疫力、保护牙齿等功效。

菜肴特色：绿茵清香粉滑，松茸鲜嫩无比。

菜心排双冬

原料调料
上海小棠菜 300 克，冬笋 100 克，鲜冬菇 100 克，蚝油 15 克，生抽 4 克，老抽 2 克，白砂糖 3 克，盐 1 克，蘑菇精 1 克，生粉 3 克，蒜泥 1 克，黄酒 3 克，香油 2 克，白胡椒粉适量。

制作方法
1. 小棠菜剥取菜心，修整根头，剖成两片后洗净。
2. 冬笋去掉老根，剥去外衣后剖开，切成滚刀块，鲜冬菇剪去根茎并切成斜块。冬笋、冬菇和菜心分别焯水，捞出滤干水分。
3. 锅中放入油，倒入菜心煸炒，调入盐和蘑菇精，炒熟后，排在盘中。
4. 锅中再次放入油，将蒜泥、蚝油炒香，烹入酒，加入老抽、生抽、水及冬笋、冬菇、白胡椒粉、白砂糖、蘑菇精滚烧一分钟后，用水调生粉勾芡，滴上香油后装盘。装盘时，将冬笋和冬菇分别盛在菜心两边即成。

烹饪之道
青菜品种很多，品质上乘的当属上海本地的小棠菜。

菜肴品鉴
菜心排双冬，关键在于"排"，"排"的手法提升了这道菜的造型，将三种不同色泽、不同性质的食材均匀地排列整齐，从视觉上激起食客对这道菜的兴趣，菜肴鉴别四要素，即"色、香、味、形"，"形"能使菜肴更具色形"魅力"。

营养知识
良好的情绪能促进食物的消化和吸收，进而提升人体对食物营养成分的利用率。上海小棠菜和冬笋、冬菇都是冬季时蔬的佳品，此道菜摆排整齐，色彩自然搭配和谐，精致考究，能令食客心情愉悦，胃口大开。

菜肴特色：形态整齐美观，咸鲜适口，双菇鲜嫩，菜心脆爽。

锅塌豆腐

原料调料
中（石膏）豆腐 400 克，鸡蛋 2 只，生姜 15 克，红椒 10 克，生粉 30 克，白胡椒粉 0.3 克，蘑菇精 1.5 克，生抽 3 克，香油 3 克，清油 400 克（实耗 20 克），葱姜蒜粉 2 克，黄豆豉 15 克，盐 1 克，黄酒 5 克。

制作方法
1. 豆腐切去老皮，改刀成 1.5 厘米见方、长 5 厘米的条，将豆腐条摊匀在平盘中，撒上葱姜蒜粉、盐、蘑菇精、白胡椒粉腌制 5 ～ 6 分钟。
2. 黄豆豉切碎，红椒去蒂去籽和去皮后的生姜一同切成细丝；容器中敲入鸡蛋液，加入少许生粉，搅拌均匀。
3. 锅中倒入油烧热，先将豆腐条拍上干粉，再拖上蛋液，放入油锅里，炸黄后捞出，将煎炸好的豆腐条整齐地排在盘内。
4. 锅中留余油，先放入黄豆豉煸香，加入盐、蘑菇精、生抽、黄酒和适量的水，再将豆腐轻轻推入锅内，盖上锅盖烧一分钟左右，见汁收紧时，放入姜丝和红椒丝，滴上香油起锅，将豆腐整齐的拖入盘内即可。

菜名解释
"锅塌"是京鲁菜中的一种烹调方法，其名菜有锅塌里脊、锅塌鱼脯、锅塌鲍鱼、锅塌豆腐等。锅塌豆腐是豆腐原料独特且繁复的做法，呈菜软嫩香醇且有味，是一道食材普通但蕴含着传统菜肴特有美味的经典佳肴。

食材知识
豆腐的制作因凝固剂的不同大致可分为三类，一类以盐卤制作，称为老豆腐，二类是以内酯凝固制作的嫩豆腐，三类是以食用石膏粉作为凝固剂制成的中豆腐。中豆腐含水适中、软硬适度，适合本款菜肴的制作。

菜肴特色：豆腐整齐，色泽金黄，入口软嫩鲜香。

店肆菜

京葱排烧小素鸡

原料调料

京葱 2 根，小素鸡 8 根，盐 1 克，白砂糖 4 克，蘑菇精 2 克，生抽 2 克，老抽 1 克，生粉 2 克，清油 250 克（实耗 20 克），八角 1 只。

制作方法

1. 京葱剥去外衣，切成 8 厘米长的段，再将葱段的表面剞上一排一字形花刀，葱段放入油锅中煎香捞出，小素鸡放进热油里，炸黄取出。

2. 锅中加入水、生抽、老抽、盐、八角、白砂糖、蘑菇精，煮至小素鸡入味后捞出待用。

3. 另取一锅，放入小素鸡和葱段，加入素鸡汤汁，调入盐、白砂糖、蘑菇精补味，烧制入味后，用筷子将小素鸡和葱段间隔排开装盘，最后将汁水勾芡淋上油，浇在上面即成。

烹饪之道

煎葱时，要把握好火候，温度不到，葱香不足，过火则易焦。

菜肴品鉴

京葱是蔬菜原料，更是增添菜肴香味的香料，其香味在菜肴中有时能起到举足轻重的作用，如山东名菜京葱燺海参，将"京葱"与高档原料"刺参"同烹呈菜，就是为了借助京葱的香浓来辅衬海参的品质。本菜中使用京葱亦是取其香味，食其酥糯之感。

营养知识

小素鸡是豆制类品种，京葱是芳香类蔬菜，两者融为一菜，是达到营养合理的绝佳搭配，也是滋味互补的典型代表。

菜肴特色：素鸡松软，葱香四溢。

佛门素

在我国，皈依佛门、奉持经文者多以素食修身，食素诵经更能惠及六根以得清净，弃荤食素也是著名佛学典籍《楞严经》中所主张的修行法门。

佛教文化自两汉时期传入我国，经数百年讲经诵佛的传播，在南北朝时期得到普及。越来越多的信奉者参与敬香拜佛、供奉香火、持斋吃素，促使了寺庙斋厨素食烹饪的日渐精进，并在烹调技术上有了一定的造诣，技艺精湛的斋厨更是以"一瓜可做数十肴，一菜可变数十味"而驰名。到了唐代，自高祖李渊之后推崇佛教，佛教因此进入了鼎盛时期，素食斋戒亦成为民风习俗并沿袭了千余年。在这千余年的历史进程中，佛门的素食文化得到了充分发展，经过历代斋厨的潜心研究，开拓出素菜美食的天地。上海玉佛寺、扬州大明寺、杭州灵隐寺等全国各大寺院中都能组配烹制出高规格的全素席，以荤托素的仿荤菜、象形菜在席中比比皆是，全面地展现了斋厨烹素的卓绝智慧和高超技艺。

佛教的传入不仅深刻地影响了我国的传统文化，同时还将佛门斋素的风采展现出来，并自成一派，为我国素食文化的发展和人民的饮食习惯注入了一股传之不朽的活力！

竹荪鱼圆汤

原料调料

绿豆粉 100 克，水发竹荪 15 克，鲜牛奶 100 克，熟冬笋 30 克，鲜蘑菇 25 克，鲜番茄 20 克，水发冬菇 25 克，绿叶菜适量，黄酒 2 克，鲜汤 1 000 克，清油 20 克，盐 5 克，蘑菇精 2.5 克。

制作方法

1. 先将绿豆粉用凉水泡开搅匀成浆。
2. 锅中放入牛奶和清水烧开后，加入少量的盐和蘑菇精，再缓缓倒入调匀的绿豆粉浆，边加热边搅拌、上劲成厚糊，盛到容器内，趁热抓挤成鱼圆状，浸入冷水碗中，即成素鱼圆。
3. 冬笋、鲜蘑菇、番茄分别切成片待用。
4. 锅中放入油、盐、鲜汤、冬笋片、蘑菇片、冬菇、素鱼圆，烧开后投入番茄片、绿叶菜、蘑菇精、黄酒，加热两分钟左右，盛入大汤碗内即成。

菜肴故事

功德林是一家上海老字号素食餐馆，餐馆原由杭州城隍山常寂寺维均法师的弟子赵云韶于 1922 年创立。"功德林"三字取自佛经"积功德成林、普及大地"之意，从时代脉络上来讲，算得上国内素食餐饮店的鼻祖。"竹荪鱼圆汤"是上海功德林素菜泰斗姚志行大师 1984 年参加全国首届烹饪大赛的选品。

菜肴特色：形态逼真，香糯滑嫩，汤鲜汁清。

莲蓬豆腐

原料调料

嫩豆腐 400 克，蛋清 100 克，青豆 100 克，清油 10 克，盐 3 克，蘑菇精 2 克，生粉 5 克，胡椒粉 0.2 克，吊汤料（扁尖笋 50 克、黄豆芽 20 克、蘑菇 20 克）若干。

制作方法

1. 豆腐用料理机搅打成茸。蛋清搅打发泡成半雪花状后，与豆腐茸一起放在干净的容器内，加入生粉、蘑菇精翻拌均匀成茸料。
2. 取直径 2 寸左右的深碟放在水锅里烧热取出，刷上油，再逐碟均匀地放入茸料，并嵌上青豆摆成莲蓬状。
3. 扁尖笋、黄豆芽、蘑菇洗净，放入锅里加水，大火烧开后再改用小火，盖上锅盖烧 30 分钟，然后加入盐、蘑菇精、胡椒粉，滴上几滴清油，将清汤滤进大汤碗中。
4. 使用蒸锅，待锅上气后将碟中莲蓬上笼，用小火蒸 3 分钟，见莲蓬豆腐蒸熟后取出，轻轻倒入清汤中即可。

烹饪之道

打发蛋清和把握好蒸制的火候是莲蓬漂浮于汤面的关键。

菜肴品鉴

莲蓬豆腐是一道典型的佛门传统特色菜，后来流传于都市素食馆，上海的功德林就有供应。此菜做工精细，制作难度较高。

营养知识

众所周知，黄豆是极具营养价值的食品，但即使黄豆煮烂，其消化吸收率也不超过 65%，且过量食用后易胀气腹满，产生不适。而将黄豆加工成豆腐，则大大提升了吸收率，一般可达 95% 以上，因此以豆腐入菜是一类非常符合老年人及体虚者的饮食方案。

菜肴特色：形态逼真，汤清澈，味鲜美，豆腐嫩滑，莲蓬雅趣浮
于汤面。

佛门菜

罗汉斋

原料调料

油面筋 5 只，烤麸 50 克，香干 2 块，素鸡 50 克，百叶 1 张，竹笋 50 克，胡萝卜 25 克，毛豆仁 15 克，干香菇、干木耳各 10 克，盐 1 克，生抽、老抽各 5 克，白砂糖 20 克，生粉 10 克，清油 25 克，香油 10 克。

制作方法

1. 将面制品、豆制品原料切成块或片后入锅焯水，捞出洗净滤干。竹笋、胡萝卜切成片待用。
2. 干木耳、干香菇浸泡水发后煮一下，取出修整干净。
3. 锅烧热，倒入清油，放入毛豆仁、竹笋片、胡萝卜片煸炒一下，再把所有原料入锅，调入盐、生抽、老抽、白砂糖，加入清水盖上锅盖烧 5 分钟，然后勾芡，浇上清油、滴上香油，即可出锅装盘。

菜名解释

罗汉斋是佛门素菜中的招牌菜，取名引用于寺院的"十八罗汉"，寓意庇佑与吉祥。此菜用料讲究，精选谷物、豆制品、菌菇、时蔬品类中的 18 种食材烹制而成。在民间，依照选材的不同，罗汉斋也有着许多简易的版本，如素什锦、炒素等。

营养知识

油面筋、烤麸是面制品，香干、素鸡、百叶是豆制品，竹笋、胡萝卜属于根茎类蔬菜，香菇、木耳属菌菇类。此菜涵盖四大类素食原料共 18 种食材，碳水化合物、脂肪、蛋白质、维生素、矿物质、膳食纤维等营养素十分全面，是素菜中搭配多样的营养丰富的养生大菜。

菜肴特色：原料品种多样，营养全面，口味鲜香。

炒素虾蟹

原料调料

素虾仁 150 克，土豆 200 克，胡萝卜 75 克，香菇 1 只，生姜 10 克，鸡蛋 2 只，葱 5 克，黄酒 3 克，清油 20 克，盐 1.5 克，香醋 15 克，蘑菇精 1.5 克，香油 5 克，胡椒粉 0.2 克。

制作方法

1. 土豆、胡萝卜放在水中煮熟，捞出去皮，塌成泥，生姜、葱切成末，鸡蛋打散成蛋液，香菇切成丝，素虾仁滑油待用。
2. 锅烧热倒入油，放入蛋液炒散，把土豆、胡萝卜泥倒入锅内一齐炒匀后放入香菇、素虾仁，烹入黄酒，加入盐、胡椒粉、蘑菇精，淋少许清油并炒香，最后烹入醋，滴入香油即可装盘。

烹饪之道

此菜易耗油，烹调时须控制清油每次用量。

知识链接

土豆在厨房里被称为"可变形蔬菜"，经过厨师精心烹调制作，变成千滋百味的菜肴。炒素虾蟹就是其中一款素食名菜，这道菜在醋姜的调和下，呈味别致，是荤菜"炒虾蟹"的素食版仿荤菜。

营养知识

土豆含有大量的淀粉，是很好的能量来源，它的膳食纤维丰富而细腻，不会对肠胃黏膜产生刺激，同时还含有大量的维生素 B 群，有助消化、润肠排毒、减脂瘦身的作用，是抗衰老、增强免疫力的实用型食材。土豆不仅可以做菜，而且还能作为主食，一些西方国家更将它称为"第二面包"。

菜肴特色：色形皆似荤菜炒虾蟹，口味亦以假乱真，别具风味。

素火腿

原料调料

豆腐衣 750 克，姜末 15 克，蘑菇精 10 克，老抽 120 克，生抽 120 克，白砂糖 250 克，黄酒 75 克，麻油 120 克，五香粉 5 克。

制作方法

1. 锅里放入水，加入姜末、生抽、老抽、白砂糖、蘑菇精烧开后再调入黄酒和五香粉。
2. 将豆腐衣撕碎投入汤料里拌匀，待汤稍凉后用手搓透，使汤汁被豆腐衣充分吸收，再淋入麻油拌和，然后用干净的白布将豆腐衣包成长圆形并用绵绳扎紧。
3. 将捆扎好的豆腐衣上笼，蒸 4 小时后取出冷却。
4. 食用时，拆去绳和布，切成薄片，装摆成桥形即可。

菜肴品鉴

素火腿是素食中营养价值较高的一道菜，蛋白质、油脂、糖分含量高，号称东方的奶酪。细细品尝，回味甘香。

营养知识

素火腿是一种大豆制品，营养成分与大豆接近。富含优质蛋白，是素食中的上品，堪称"素中之肉"。

菜肴特色：色泽棕红，形如火腿，软香鲜韧。

佛门菜

素　鸭

原料调料

豆腐衣 200 克，金针菜 20 克，冬笋 50 克，香菇 20 克，胡萝卜 50 克，素汤 120 克，生抽、老抽各 15 克，白砂糖 25 克，蘑菇精 2 克，姜末 2 克，黄酒 15 克，麻油 20 克，五香粉 3 克，清油 30 克。

制作方法

1. 金针菜、香菇泡开，煮 15 分钟后取出沥干水分，冬笋、香菇、胡萝卜分别切成细丝，做成馅料。
2. 锅里放入素汤、生抽、老抽、白砂糖、姜末、蘑菇精烧开后，再调入黄酒、五香粉制成汤汁。
3. 豆腐衣平摊在大盘内，中间放上冬笋丝、香菇丝、金针菜、胡萝卜丝等馅料摊平后洒上汤汁，将层层豆腐衣折叠，压紧馅料，卷包成宽 7 厘米的长方形，放在盆内并压上一块竹箅，上笼蒸半小时后取出晾凉。
4. 锅烧热，放入少许油，将晾凉的素鸭放入锅中煎制，待两面煎成鹅黄色，且表面酥脆时取出。
5. 食用时，斜刀切片，打底围边，盖面装盘即成。

烹饪之道

馅料要卷紧实，蒸制时，竹箅要压紧原料防止起泡。

菜名解释

素食冠以荤名是寺院斋堂和社会素食馆在出品菜肴时常用的取名方式。古往今来，龙华寺、大明寺、灵隐寺、功德林等斋堂食肆都将此类做法称为"素鸭"。当然，地域不同，做法上也会有差异，有的"素鸭"不放配料，有的会加入少量笋、香菇等作为辅料。

营养知识

素鸭有包料与不包料之分，本款为包料素鸭，是由豆制品及蔬菜、菌菇、油、糖、酒等多种辅料和调料制成。营养全面，搭配合理，是一道热销经典素食。若是不包料的素鸭，油、糖含量会相对较重，一次不可过量食用，以免能量摄入超标。

菜肴特色：色泽鹅黄，肥软鲜香，是一款佛门品牌美食。

佛门菜

炒素鳝丝

原料调料

干香菇 150 克，青红椒 100 克，生粉 50 克，胡椒粉 0.2 克，白砂糖 20 克，老陈醋 5 克，老抽 2 克，生抽 2 克，蘑菇精 1 克，清油 500 克（实耗 20 克），香油 3 克，黄酒 5 克，葱姜丝 6 克。

制作方法

1. 干香菇用水泡透，沿边剪成条，入水煮一下后捞出挤去水分，拍上生粉，青红椒切成丝待用。
2. 锅内放油烧热，放入香菇炸至金黄色，浮上油面后捞出沥油。
3. 锅中留少许余油，放入葱姜丝爆香，烹入黄酒，加入生抽、老抽、胡椒粉、白砂糖、蘑菇精调味，倒入炸好的香菇、青红椒丝煸炒后用水调生粉勾芡，最后烹入醋，淋上香油，翻炒出锅即成。

烹饪之道

调味先后多少要适时准确，翻炒要迅速，火候把握要适当。

营养知识

美味与营养的平衡是靠烹调技法来实现的。一般情况下，香菇经油炸后可提升香味，但油炸过程中的高温难免会破坏营养成分，因而此菜用到了拍粉的处理方法，保证油炸时原料表面粉层迅速凝结形成保护层，锁定营养素，使其不致过度流失。这是合理烹调、确保营养与达成美味的又一种技法。

知识链接

许多佛门高档素菜都冠以荤菜的名称，炒素鳝丝便是其中一例。以香菇作为原料，经过修剪，在形和色上都像极了鳝丝，再通过细心地烹调，使得呈味也非常地道。此菜色、香、味、形俱佳，算得上一款"高仿"的品牌菜了！

菜肴特色：形如鳝丝，咸香松软，味浓鲜美。

佛门菜

宫保素鸡丁

原料调料
素肠 300 克，花生仁 75 克，干辣椒 2 克，花椒油 1 克，白砂糖 4 克，醋 3 克，盐 1 克，红（辣）油 3 克，生粉 7 克，鸡蛋半只，清油 400 克（实耗 20 克），生抽 2 克，老抽 1 克，葱姜蒜末 3 克，红椒丁 15 克，黄酒 3 克，蘑菇精 1 克。

制作方法
1. 素肠切成丁，放在水里煮一下，取出放入冷水，浸凉后挤干水分放在碗里，加入适量生粉、蛋液揉匀待用。
2. 干辣椒切成段，花生仁氽熟，沥去油待用。
3. 将生抽、老抽、白砂糖、醋、黄酒、水、蘑菇精、生粉调成兑汁芡。
4. 炒锅烧热放入油，油稍温时放入素肠丁滑油，待素肠丁表面结膜时投入红椒丁，随即倒出、沥去油。锅里留余油，放入葱姜蒜末和干辣椒爆香，再倒入滑熟的素肠丁，烹入兑汁芡翻锅，最后倒入花生仁，滴上红油、花椒油即成。

烹饪之道
调味要兑制准确，有难度，需谨慎。

营养知识
素肠并不是"肠"，而是一种面筋制品。素肠含有丰富的蛋白质、软磷脂和矿物质，但维生素的含量很低，又因其所含嘌呤会增加尿酸的指标，故不建议痛风病患者和尿酸高的人群过量食用。

菜肴典故
丁宝桢，清末进士，曾任山东巡抚，后任四川总督。饮食上，他素爱辣椒炒鸡丁，在任山东巡抚之时，让家厨按山东爆菜的做法，将干辣椒和嫩鸡烹制成菜，入川时家厨随行，便将此菜带到了四川。之后，他因被朝廷追封为"太子太保"，人称"丁宫保"。后来，烹制精良、口味独特、宫廷内外广为流传的这道辣椒炒鸡丁便逐渐以此命名。人们将它称为"宫保鸡丁"并载入川帮名菜谱。

菜肴特色：干香鲜辣，是川菜宫保鸡丁的素食版。

佛门菜

糖醋素排

原料调料

莲藕400克，山楂片15克，山楂糕15克，红曲米汁50克，生粉30克，鸡蛋1只，清油400克，盐1克。

制作方法

1. 莲藕刨去皮，顺长切成条，开水中烫一下捞出；生粉、盐、鸡蛋调成全蛋糊；取山楂片5克切成丝。
2. 油入锅烧热，将藕条放在糊里拌匀，并逐个放入热油、炸至金黄，即成素排条。
3. 余下的山楂片和山楂糕放在锅里，加进红曲米汁、水、盐烧开，勾少许芡，加少许油，翻匀出锅装盘，最后将山楂丝撒在素排条上即成。

烹饪之道

如果酸甜味不够，可补充点糖或白醋。

营养知识

红曲米汁是自古沿用至今的天然红色素，除了可以染色，还具备活血化瘀、健脾消食等功效。

知识链接

佛门素食是中华美食百花园中一朵灿烂的奇葩，糖醋素排是佛门中的常规菜肴，不仅色形与荤食相像，而且在质感和味觉上更有几分以假乱真之力。

菜肴特色：色红艳油亮，质感脆松；味甜酸适口，香味浓郁；山楂呈酸，本味自然。

炒素鱼片

原料调料
新鲜香菇 250 克，笋 25 克，红椒 25 克，黄瓜 75 克，生粉 10 克，蛋清少许，盐 1.5 克，蘑菇精 1 克，黄酒 5 克，葱姜汁 5 克，清油 400 克（实耗 20 克）。

制作方法
1. 新鲜香菇修去黑皮、批成斜片，放入开水中焯水捞出浸冷，冷却后，用厨巾纸吸干水分，用生粉、蛋清、盐上浆成素鱼片待用。
2. 笋、红椒、黄瓜切成片待用。
3. 锅烧热放入油，油温热时放入素鱼片滑油，待素鱼片表面结膜时倒入三种辅料，滑熟后立即倒出沥油。
4. 锅内留余油，烹入黄酒和葱姜汁，加入清水、盐、蘑菇精和沥尽油的原料，烧开后勾芡，滴上少许油即可装盘。

烹饪之道
滑油的温度不能高，否则鱼片会粘在一起，散不开。

营养知识
香菇富含纤维素、蛋白质、多种微量元素和生物活性物，此菜用上等的烹调手法，最大程度地保留了香菇的鲜嫩和营养，是合理且科学的实用烹调技法。

菜肴品鉴
炒素鱼片是佛门的一道经典菜肴。此菜制作精细，费工费时。在原料加工和烹调制作的难度上要远超炒鱼片，成品在色、香、味、形、质的体现上已达到炒鱼片的效果。

菜肴特色：滑嫩色白，形似鱼片，咸鲜清香。

佛门菜

四喜烤麸

原料调料

烤麸 350 克，笋 50 克，花生 25 克，金针菜 15 克，干香菇 4 克，干木耳 4 克，黄豆酱 15 克，生抽 5 克，老抽 3 克，白砂糖 25 克，蘑菇精 2 克，清油 500 克（实耗 20 克），香油 5 克，八角少许，葱 15 克。

制作方法

1. 干木耳、花生、金针菜、干香菇分别冷水泡开后洗净；笋切成片待用；烤麸撕成自然块，焯水后放入冷水泡去酸味，再滤去水分并用厨巾纸吸干水分待用。
2. 清油全部放入锅里烧热，将烤麸投入油中炸至脱水捞出，倒出油；锅里放入葱段煸香，随即放入八角、黄豆酱炒香，再放入烤麸、水、生抽、老抽、白砂糖、花生、金针菜、香菇、笋片、木耳，盖上锅盖用中火烧半小时，见汤收紧时加入蘑菇精，滴入香油，翻匀即可装盘。

烹饪之道

如果居家烧制烤麸可不油炸，用烤箱烘干也是不错的方法，其他程序不变，但质感稍逊色。

营养知识

烤麸是介于豆类和动物性原料之间的高蛋白、低脂肪、低碳水化合物的健康净素食材，其富含钙、磷、铁，经常食用既能抑制热量的过多摄入，又能补铁补血。

菜名解释

这是一款"讨口彩"的上海传统名菜。据传说，"四喜"源自杜甫的诗句，"烤麸"谐音"犒夫"，菜名含有憧憬生活、犒劳夫君之意，是逢年过节上海居民必备的一道素菜冷盘。四喜烤麸中的"四喜"即选用冬笋、冬菇、黄花菜和木耳这四种配料，笋的鲜脆、香菇的香浓、黄花菜的软嫩、木耳的绵滑，使得这道菜拥有了多色多味的质感层次。20 世纪 60 年代的梅林罐头在四喜烤麸中加入了去皮的大花生，花生色泽玉白、质感酥软，更加丰富了菜肴的质感。

菜肴特色：色酱红，烤麸松软富有弹性，味咸甜带鲜香。

佛门菜

鱼香素肉丝

原料调料

水面筋丝 350 克，青红椒 75 克，郫县豆瓣酱 10 克，老抽 1 克，白砂糖 20 克，米醋 20 克，蘑菇精 1 克，葱姜蒜末各 3 克，清油 300 克（实耗 15 克），红（辣）油 2 克，香油 2 克，生粉 10 克，鸡蛋半只。

制作方法

1. 面筋丝切成长段，放在冷水锅中焯水后捞出沥水，并用厨巾纸吸干水分，然后用鸡蛋和生粉给面筋丝上浆，青红椒切丝待用。
2. 将老抽、白砂糖、醋、生粉、蘑菇精一同调成兑汁芡。
3. 锅烧热，放入油烧温，轻轻撒入面筋丝滑油，见面筋丝表面结膜时放入青红椒丝，随即将锅中原料倒入漏勺沥油。
4. 锅留余油，放入斩碎的郫县豆瓣酱、葱姜蒜末炒香，倒入青红椒面筋丝，淋入兑汁芡，快速翻锅炒匀再淋上红油后装盘。

烹饪之道

兑制复合味时，调味要准确。

营养知识

与油面筋相比，水面筋的钙和铁含量较高，总能量较低，尤其是不含脂肪，相对更健康，更适宜经常食用。

知识链接

"鱼香"是川帮菜中最具代表性的一种传统味型，咸甜酸辣的复合味深受中外食客们的青睐。比较常见的鱼香菜有鱼香肉丝、鱼香茄子等。弃荤纳素的鱼香素肉丝为素食者增补了美味。素面筋丝质感软韧，形似肉丝，是"鱼香素肉丝"最合适的原料。

菜肴特色：色泽红亮，口味小酸小甜，咸鲜带辣，质感软嫩，是川菜"鱼香肉丝"经典做法的素菜化运用。

佛门菜

素肉松

原料调料

豆腐衣 100 克，五香粉 3 克，细盐 1.5 克，蘑菇精 1 克，清油 400 克（实耗 20 克）。

制作方法

1. 豆腐衣卷拢切成细丝。
2. 油烧热至 160 ～ 200 度，放入豆腐衣，快速揉开炸匀，见豆腐衣由白色转为淡黄色时快速捞出沥油。
3. 细盐炒热，离火放入五香粉、蘑菇精粉拌匀并将其均匀地撒在豆腐衣上即可装盘。

烹饪之道

粗细要均匀，油炸时要掌握油温，油温低，炸不脆，油温高，即刻变焦，不宜食用。

营养知识

佛教徒的饮食往往清淡，通过油炸豆腐皮等烹调方式适当补充油脂和蛋白质，是可取的。生活在都市的人们日常饮食中往往容易摄入过多的热量，于健康考量，不宜经常食用油炸食物。由此可见，科学饮食应讲求从实际出发、因人而异的原则。

知识链接

素肉松是一道经典的佛门凉菜，以豆腐衣为原料，切成细丝后油炸调味而成；素肉松也有用豆腐烘干炒干再调味而成的；前者营养价值高，吃口松酥，后者粗糙，纤维素含量高。

菜肴特色：茸细蓬松，酥香入味。

小炒素鱼翅

原料调料
素鱼翅 100 克，金针菇 100 克，冬笋 25 克，青韭芽 15 克，鸡蛋 3 只，盐 1 克，蘑菇粉 2 克，清油 25 克，葱丝 10 克，黄酒 3 克。

制作方法
1. 素鱼翅涨发：鱼翅先用冷水浸泡两小时，再放入冷水锅中烧开并转小火焖 15 分钟后离火，趁热放入少量食碱搅匀，使鱼翅发透发软，最后放在冷水里漂浸，使其透明。
2. 金针菇取菇头前段，冬笋煮熟切成丝，青韭芽切成寸段，洗净待用，鸡蛋敲入碗中打散。
3. 锅中加油烧热，放入鸡蛋炒散炒香后盛出待用；锅中再次加入少许油，先放入葱丝炒香，再放入金针菇、笋丝、鱼翅、盐、蘑菇精，烹入黄酒，估少许水，倒入炒熟的鸡蛋和青韭芽翻炒均匀即可装盘。

烹饪之道
素鱼翅的涨发是做好这道菜的关键。

知识链接
素鱼翅是用植物胶原蛋白制成，在 20 世纪八九十年代已进入市场，形态与质感逼真。本款素鱼翅用料精良，烹制考究，是一道经典的网红时尚菜肴。

菜肴特色：色泽美观，入口鲜嫩，鱼翅软韧爽弹。

白菜豆腐卷

原料调料

香菇 25 克，老豆腐 100 克，素红肠 50 克，油面筋 10 只，笋 25 克，蘑菇 25 克，大白菜叶 12 张，盐 2 克，生粉 2 克，蘑菇精 1 克，清油 3 克。

制作方法

1. 香菇泡软，放入锅中煮 20 分钟，取出后切成末；老豆腐塌碎包入纱布中挤去水分；油面筋泡软后切碎成粒；素红肠、笋、蘑菇切成末。

2. 将上述切碎的原料放在同一容器内，加入盐、蘑菇精、生粉和油搅拌上劲成馅心。大白菜叶放入开水锅里烫一下，捞出浸入凉水中，浸凉后用厨巾纸吸去表面水分。

3. 将烫软后的大白菜叶逐个摊平，放上馅心并卷包成条，菜卷全部包好后放在盘里入蒸箱蒸制，蒸熟后取出装盘即可。

烹饪之道

馅心要配制得好，才能呈现出与众不同的味道。

菜肴品鉴

白菜豆腐卷是富有田园特色的菜肴，吃过荤食的百叶包、再尝尝素馔的白菜卷，一定会有不一样的感觉，别致、新鲜、清爽、素雅是表述其品质特色最恰当的词语。

营养知识

白菜营养成分丰富，富含胡萝卜素、维生素 B1、维生素 B2、维生素 C、粗纤维以及蛋白质、脂肪、钙、磷、铁等。白菜有补中、消食、利尿、通便、清肺热、止痰咳等功效，豆腐提供的营养成分正可与白菜相得益彰。此菜品对咽喉肿痛、支气管炎等患者颇为适用。

菜肴特色：素雅自然，素馅别具一格，入口清鲜含香。

炝素虎尾

原料调料
杭茄 400 克，大蒜头 20 克，花椒 1 克，黄酒 10 克，白胡椒粉 0.5 克，生抽 2 克，老抽 0.5 克，盐 0.5 克，蘑菇精 1 克，香油 3 克，花生油 10 克。

制作方法
1. 茄子洗后切成 25 厘米长的段，剖成两片；大蒜头用刀拍碎并斩成泥。
2. 将茄子上笼蒸熟取出，在盘中摆排整齐。
3. 锅上火放入清水 20 克，调入生抽、老抽、盐、黄酒、白胡椒粉、蘑菇精，烧开后浇在茄子上。
4. 锅洗净上火，放入花生油、香油烧热后，投入花椒炸一下捞出，再放入蒜泥爆香后，浇在茄子上即成。

菜名解释
"炝"是中式烹调的一种技法，即将原料改刀成型后，放入开水锅中烫熟捞出，再用热油加入芳香料爆香后浇在原料上。炝虎尾是扬帮特色菜，取用熟滑鳝背，烫水后取出排齐，形如虎尾而得名。炝素虎尾则以杭茄为原料，紫红色艳，皮薄肉嫩，味觉鲜美，是一道象形寓意的仿荤素菜。

营养知识
长茄子富含维生素 P 和维生素 E。常吃长茄子，可有效降低血液中的胆固醇含量，且对延缓人体衰老等具有一定的意义。

菜肴特色：茄子形同鳝背，亦如"虎尾"，口感软嫩，滋味鲜香。

佛门菜

笋菇煮干丝

原料调料
大白干 4 块，素鲜汤 300 克，冬笋 75 克，金针菇 75 克，虫草花 3 克，菜心 3 棵，盐 1.5 克，蘑菇精 1.5 克，白胡椒粉 2 克，菜籽油 5 克，葱段 10 克。

制作方法
1. 大白干切去边缘，用刀批成薄片再切成细丝（干丝），放进凉水锅中煮开后捞出置于清水中浸泡待用，金针菇切去根部并洗净，虫草花泡开后蒸 20 分钟，冬笋切成丝，菜心焯水后待用。
2. 锅烧热加入菜籽油，先放入葱段炸香，再倒入素鲜汤，加入干丝、冬笋丝、金针菇、虫草花、盐、蘑菇精、白胡椒粉，盖上锅盖中火烧 5 ~ 6 分钟，见汤浓白时放入菜心即可装盘。

烹饪之道
菜籽油营养丰富，使用菜籽油烹调，能够烧浓汤汁。因生油会有生青味，须炼熟后使用。

菜肴品鉴
"味"是这道笋菇煮干丝的"灵魂"，扬帮的鸡火煮干丝利用了鸡肉、火腿和上汤的鲜醇"助力"。而此菜属素食，自然须在素食的范畴里寻找"帮手"，因此这道菜除了使用素鲜汤烹制外，还配入了冬笋、金针菇、虫草花，这些食材不仅能够助鲜提醇，而且还能够增加菜肴的质感和层次。

营养知识
笋作为"菜中珍品"，含有丰富的蛋白质、脂肪、糖类、钙、磷、铁、胡萝卜素、维生素 B1、维生素 B2、维生素 C。笋的蛋白质比较优越。在烹制过程中，由蛋白质分解的氨基酸不仅提供了多种鲜味，还成为人体蛋白构成和代谢的主要力量。本菜中笋、菇和豆干组合，含有足量优质蛋白和多种必需氨基酸，堪称素食中的"蛋白质大餐"。

菜肴特色：干丝绵润软嫩，浓香鲜美。

拌干丝

原料调料

大白干 4 块，香菜少许，生姜少许，盐 1 克，生抽 5 克，老抽 1 克，白砂糖 1 克，麻油 6 克，蘑菇精 1 克，白胡椒粉 0.2 克，葱姜汁 3 克，香菇汁 3 克，花椒 5 粒。

制作方法

1. 大白干切去边缘，用刀批成薄片再切成细丝（干丝），用沸水浸烫 1 分钟后滗去水分，如此往复三次后待用，香菜切成寸段，生姜切成细丝。

2. 锅中加入少量的水，放入葱姜汁、香菇汁、盐、生抽、老抽、白砂糖、蘑菇精和花椒粒，烧开后滤出酱汁，酱汁中放入麻油即成拌干丝的汤料。

3. 抓取干丝沥去水分堆入深盘中，沿盘边浇入汤汁，放上些香菜和姜丝，淋上麻油即可。

烹饪之道

酱汁应兑制准确，以免寡淡无味。

知识链接

扬州干丝通常有两种吃法，一种是煮干丝，用鸡丝、火腿、高汤烹制成鸡火煮干丝，适用于宴席中的热菜；另一种是烫（拌）干丝，属凉菜，适用于宴席冷盘，后者更是扬州早茶中独具代表性的茶食。

营养知识

此菜将豆干切成细丝，不仅易于入味、利于咀嚼消化，而且还提高了人体对食物营养的吸收率。此做法是原料通过处理加工后使营养成分被人体吸收的一种助推。

菜肴特色：色泽淡雅，质感绵软，口味鲜咸。

面筋煲

原料调料

无锡油面筋 15 只，菜心 3 棵，湿木耳 20 克，笋片 20 克，盐 1.5 克，蘑菇精 1 克，香油 3 克，生粉 10 克。

制作方法

1. 油面筋冷水泡软，菜心剪去叶切成两片，焯水捞出。
2. 炒锅里放水，加入油面筋、木耳、笋片，调入盐烧开，再加入菜心、蘑菇精，用水调生粉勾芡，滴上香油即可盛入热煲中。

烹饪之道

面筋必须充分泡软后再进行烧制，否则会使成品僵硬，影响口感。

食材知识

在烹饪原料的概念上讲，面筋属于豆制品一类，它是中华烹饪食材的一大特色。面筋制品通常分为两类，即油面筋与水面筋，它们都是由面粉加工提取而成的面筋纤维。油面筋经过油炸起发，松香有劲道；水面筋在沸水中受热成形，清爽有韧性。两者虽是同一食源的再制品，但口感和用法却大相径庭，各有特色和风格。

营养知识

面筋是面粉的再制品，它是将水调面团经反复搓洗，去除掉自身淀粉和杂质后形成的一种食材原料。油面筋是面筋炸制后的半成品，含脂肪和蛋白质，但其他营养素的含量不高，故适宜塞入其他食材或与其他食材同烹以提升菜肴的营养价值。

菜肴特色：面筋软韧，滋味鲜美。

佛门菜

春白素烩

原料调料
鸡蛋 2 只，豆腐衣 50 克，土豆 50 克，杂菜（胡萝卜丁、玉米粒、甜青豆）75 克，松茸菌 50 克，笋 25 克，盐 1.5 克，蘑菇精 1.5 克，白胡椒粉 0.2 克，生粉 3 克，葱油 2 克。

制作方法
1. 鸡蛋煮熟后浸冷，切成 4 瓣去掉蛋黄批成"春白"片，豆腐衣用冷水泡软后斜刀切成菱形片，土豆刨去皮，切成菱形片，松茸菌洗净后切成椭圆形的片，笋顺丝切成长方形薄片洗净待用。
2. 将土豆、杂菜、豆腐衣焯水后捞出。
3. 锅里加入清水，调入盐、蘑菇精、白胡椒粉，烧开后放入松茸菌、春白片、笋片和焯过水的所有原料，最后用生粉勾芡并淋上葱油装盘即可。

菜名解释
此菜根据川帮名菜春白海参演变而来，"春白"是"阳春白雪"的缩写，"春白海参"则以此来寓意菜肴的高雅。春白素烩沿用了前者的蕴意风格，选用了清淡的素食原料来烹制，诠释出素食的高雅格调。

营养知识
松茸菌含有较多的粗蛋白、粗脂肪、维生素和矿物质等，不仅营养含量丰富，而且还具有较高的药用价值。此菜汤菜同食，确保营养物质充分吸收。

菜肴特色：色彩各异，明亮雅致，口味鲜嫩，味觉多样。

佛门菜

胖大海生梨羹

原料调料

胖大海 50 克，冰糖 60 克，水 1000 克，鲜橙皮 10 克，葡萄干 20 克，生梨 1 只，枸杞 10 粒，藕粉 15 克。

制作方法

1. 胖大海用热水泡开，摘去衣，拣去核，鲜橙皮和生梨分别切成碎粒，藕粉用冷水调开。
2. 汤锅中加入水和胖大海烧开，放入冰糖，待冰糖化开后缓缓地倒入水调藕粉，搅拌勾芡，再次烧开后关火，放入鲜橙皮粒、葡萄干和枸杞。
3. 待自然冷却后，放入生梨粒搅匀，盛入碗中即可。

食材知识

"胖大海"是梧桐科植物胖大海干燥后的种子。胖大海虽属药食同源，但其药用价值大于食用价值。它不仅能降血压，而且对于肺热咳嗽、咽喉肿痛、便秘痔疮及急性扁桃体炎等热症都有辅助治疗作用。胖大海性寒，在夏日炎炎之时，可作清热解暑的饮料或食材，但虚寒腹泻、糖尿病患者、低血压患者不宜食用。

营养知识

胖大海生梨羹是一道夏日消暑的清新甜菜，具有清热润肺，利咽解毒，润肠通便的食疗效果。对于肺热声哑，干咳无痰，咽喉干痛，热结便闭，头痛目赤有一定的疗效。

菜肴特色：晶莹剔透，清凉爽口，质感多样，甘甜润喉。

佛门菜

香煎藕饼

原料调料

莲藕 300 克，鲜香菇 30 克，胡萝卜 30 克，中豆腐 150 克，生粉 30 克，盐 5 克，白砂糖 2 克，蘑菇精 3 克，清油 80 克，白胡椒粉适量。

制作方法

1. 莲藕、胡萝卜刨去皮，洗净后，和鲜香菇一起切成细粒，中豆腐塌碎成泥。

2. 将上述原料放入容器中，加入盐、白砂糖、蘑菇精、白胡椒粉、生粉拌匀成藕泥。

3. 锅烧热，放入油，将藕泥等分后，摊平在锅里，翻煎至熟透，两面金黄后，盛摆在盘中即可。

知识链接

素食的烹饪方法多种多样，以普通的植物原料烹制出千变万化的佳肴，体现了中华烹饪美食文化的智慧和魅力。

营养知识

香菇含有锰、锌、铜、镁、硒等微量元素，可维持肌体正常代谢，并对某些矿物质缺乏的儿童的生长发育具有一定的促进作用。

菜肴特色：酥松软嫩，咸鲜适口，是一道传统的佛门净素菜。

融合菜

　　"融会贯通，合而为一"是融合菜在烹饪中的定义，它以创新的方式将不同地域和不同国界风格特色的食材香料、烹饪技法、调味方式、呈现形式等融入本土风味，运用多种烹饪技巧，将两种或两种以上的概念合理搭配组合，从而形成标新立异、特色鲜明的菜肴，最终达到融合创新的目的。融合菜的方式一般有中西融合、中外融合，各邦、各地、各民俗文化和风味的融合。

　　融合菜取材广泛，形式多样，具有潮流导向和市场经济价值，其独特的品位和时尚的元素深受人们的青睐。独创一格、与众不同的融合创新需要专业知识为基础和"举一而三反，闻一而知十"的思维通过博采众长的方式汲取、学习并掌握的。融合菜借鉴各方菜系，利用各地食材，了解各地饮食文化，增添艺术的渲染，进而在色、香、味、形、器俱佳的基础上对菜肴进行开拓与创新，增添新的品种，丰富新的口味，赋予菜肴时代与文化的气息和新的生命力。

芝士黄油焗南瓜

大红南瓜 400 克，杂菜（青豆、玉米、胡萝卜丁）75 克，洋葱 5 克，大蒜头 3 克，黄油 10 克，芝士 1 片，牛奶 100 克，盐 2 克。

制作方法

1. 南瓜去瓤不用削皮，切成块，放进蒸笼里蒸至断生取出；洋葱、大蒜切成末；待用。
2. 锅中放入 5 克黄油，倒入洋葱和大蒜末煸香，放入南瓜、杂菜、盐和少许水烧 5 分钟左右，再加入牛奶、芝士和余下的黄油焗一分钟，见汁浓稠时，用铲子轻轻翻动，待汁收紧之时，出锅装盘。

烹饪之道

选料时要用质老的大红南瓜，新疆南瓜烹制出的口味最佳，本地南瓜因水分太多，不能用于此菜。

菜肴品鉴

大红圆南瓜或新疆南瓜都属域外品种，其品质优良，甘香酥软，此菜以域外风格的调味突出了浓醇的奶香，采用焗的方式烹制使得菜肴口感稠厚紧实，是一款深受美食者追捧的中西融合的优质新款素菜。

营养知识

芝士即奶酪，含丰富的蛋白质、钙、脂肪、维生素等成分，具有补钙、护肠道、增强免疫等作用，享有"奶黄金"的美誉。

菜肴特色：色泽橙黄，别具一格，南瓜酥糯，奶香浓郁。

融合菜

刺身全素

原料调料

素鲍鱼、素腰片、素蟹柳各 100 克，小素鸡 75 克，红生菜 150 克，嫩藕 100 克，马蹄 100 克，罗汉笋 100 克，松茸菇 2 只，红灯笼椒 1 只，西芹 100 克，沙拉酱 50 克，青芥末 5 克，刺身酱油 20 克。

制作方法

1. 红生菜洗净滤干水分，嫩藕刨去皮，马蹄批去蒂与根部；将罗汉笋、藕、素腰片、素蟹柳分别放入开水，快速焯水后，捞出冲凉。

2. 将冰屑放在盆里压平，插入生菜和西芹，再排入藕片，两侧放上马蹄，罗汉笋套进红椒圈里放置在盘中间，另一半红椒圈上摆放素蟹柳，素腰片与小素鸡分别放在马蹄的内侧，素蟹柳两侧摆放上切片的素鲍鱼和松茸菇，最后配上沙拉酱和刺身料的蘸碟即成。

菜肴品鉴

这道菜选用了十多种食材，有魔芋制品、豆制品、菌菇、时蔬等，品种多样，可谓素食大宴。虽说刺身一般是海鲜荤食的专属，然而这道菜也能让素食者一饱口福。

营养知识

此道菜肴未经熟制，减少了营养成分的流失，以当下流行的吃法接纳各种可直接食用的食材，保全了各类食材"原生态"的营养价值，但生食必须注重操作卫生，且宜制后即食，不可久存。

菜肴特色：造型美观，风采大气，另有一种风格。

咖喱杂菜煲

原料调料

粉丝 25 克，黄豆芽 25 克，洋葱 20 克，胡萝卜 25 克，芹菜 50 克，韭黄 75 克，笋丝 50 克，油咖喱 25 克，盐 2 克，蘑菇精 2 克，清油 25 克。

制作方法

1. 粉丝用开水泡开，洋葱、胡萝卜分别切成丝，芹菜、韭黄切成段。
2. 铁锅烧热放入油，倒入芹菜、韭黄段炒熟盛出待用；锅里再次放入油，放入洋葱、油咖喱炒香，再加入黄豆芽、胡萝卜翻炒一下，接着放入笋丝、粉丝，调入盐、蘑菇精和少量的水煸炒至熟后，将芹菜、韭黄倒入拌匀，出锅装入煲仔即成。

烹饪之道

原料多为新鲜脆嫩蔬菜，故须掌握好火候，切忌过火而不爽脆。

知识链接

这道菜选用七种质感各异、芳香浓郁的蔬菜烹制，在咸鲜底味的基础上用浓香的油咖喱增加风味，且烹制时讲究工艺，因此成品脆嫩松软，口味鲜香，饶有层次。食材新鲜，方法正确，操作过程循序渐进，如此烹调出的食物必然是美味的。

营养知识

此菜肴是根、茎、芽类蔬菜的汇总，不仅色彩鲜艳，品型多样，而且营养丰富，还能提振食欲。此菜食物种类多样，各类营养成分协同补益滋养身心，达到了膳食平衡的要求。这是一道南亚的综合性素菜。

菜肴特色：色彩黄橙，口感爽脆，口味鲜香，特色鲜明。

融合菜

椰蓉腰果

原料调料
腰果 300 克，椰丝 100 克，黄油 15 克，盐 0.5 克，糖粉 30 克，清油 500 克（成熟介质，实耗 5 克）。

制作方法
1. 锅中放油烧热，放入腰果氽熟，捞出控油稍凉。
2. 尚有余热的腰果放入容器中，加入黄油翻拌，接着调入盐、糖粉拌匀，最后拌入椰丝，使椰丝均匀地裹在腰果表面即可装盘。

烹饪之道
腰果拌黄油时，温度不能太低，否则拌不匀，味型为咸甜味。

知识链接
这道菜也有简易的做法。购买熟的腰果放在碗里，加入化开的黄油拌匀，先放入冰箱片刻取出，再撒上细盐、椰丝、糖粉拌匀即可。此菜高雅洁白，不仅好看好吃而且操作简便。

营养知识
腰果作为世界四大干果之一，具有降压、养颜、护血管等功效，果仁富含不饱和脂肪酸、维生素 B 族和维生素 E 等微量元素，食用后有助体力、消除疲劳的作用。

菜肴特色：丝蓉色白，口感松酥，椰香扑鼻。

土豆沙拉

原料调料

土豆 250 克，杂菜（青豆、胡萝卜、玉米）75 克，色拉酱 50 克，青瓜 120 克，盐 1.5 克，胡椒粉 0.1 克。

制作方法

1. 土豆煮熟撕去皮，凉透后切成丁，杂菜入水煮熟捞起，青瓜刨皮，切成瓦楞块围在盘边。
2. 土豆丁、杂菜放在容器内，放入色拉酱、盐、胡椒粉拌匀后，盛在盘子中间。
3. 在裱花袋里放入少量的色拉酱，在顶端剪一个小口，裱出细丝盖在土豆沙拉表面，以增加形态的美感。

烹饪之道

西方的色拉品种繁多，但土豆色拉是色拉品种的原始母体，是最为可口的西方凉菜品种。

菜名解释

中餐宴席有冷菜、热菜、大菜和点心之分，西餐宴席中，因称谓的不同，没有冷菜的概念，而是将宴席菜分为前餐或开胃菜、正菜、大菜和餐后甜点。色拉属前餐，土豆色拉则是最基本最常用的前餐品种。

营养知识

土豆、青豆、胡萝卜、玉米粒、青瓜不仅能呈现出橙绿黄的颜色，更是蕴藏着丰富的宏量与微量营养素，再加上富有油脂的白色色拉酱，可谓是营养全面的典范，既可入菜，又可作为主食，是一款经典的土豆佳肴。

菜肴特色：色泽洁白，软滑香甜。

乡村浓汤

原料调料

胡萝卜75克，洋葱50克，素肉50克，番茄酱10克，面粉50克，黄油20克，番茄75克，胡椒粉0.3克，清油10克，盐1.5克，蘑菇精1.5克，白砂糖5克。

制作方法

1. 炒面酱：锅烧热，放入清油、黄油，加入面粉炒黄炒香。
2. 胡萝卜、洋葱、素肉分别切成丝，番茄烫一下，撕去皮，切成丁状。
3. 锅烧热，先放入洋葱丝、番茄酱、番茄丁炒出香味，再加入胡萝卜丝、素肉丝、水、胡椒粉、盐、蘑菇精、白砂糖烧制片刻，调整口味，最后用炒面酱勾芡即成。

烹饪之道

番茄酱酸味重，须以甜味调和，方能显味。

菜名解释

这是一道西餐，这里的"乡村"是欧洲的乡村。世界上任何一方饮食文化的沿革和发展都是从人类生活的发源地进化而来。"乡村"的味道最能体现出烹制的古法与口味的醇浓。

营养知识

"素肉"即大豆蛋白肉，实际是一种对肉类形色和味道进行模仿的豆制品，是高蛋白低脂肪的健康食品。

菜肴特色：色泽鲜红，口感浓厚，口味醇香，有独特的西域
风格。

橄榄菜炒甜豆

原料调料

甜豆 300 克，橄榄菜 75 克，盐 0.5 克，清油 3 克，蒜泥 2 克。

制作方法

1. 甜豆撕去筋后洗净，放入开水锅里焯水，捞出沥去水分。
2. 锅烧热放入油，先放入蒜泥爆香，再放入甜豆煸炒，然后调入盐并洒水煸炒至熟后，最后放入橄榄菜，炒匀即可出锅装盘。

烹饪之道

甜豆烫水后用洒水煸炒的方法，能使原料受热均匀并较快地成熟。

菜肴品鉴

橄榄菜的制作工艺起源于宋代，是广东潮州菜中的一朵奇葩，现盛名于港澳。橄榄菜因其色泽乌亮，油香浓郁，成为粤港澳地区的特色食品。本菜是以橄榄菜的甘醇鲜嫩来配合甜豆的清鲜脆爽，属于当地的特色风味，备受人们的青睐。

营养知识

甜豆含胡萝卜素、钙及较多的 B 族维生素和多种氨基酸，经常食用有益脾胃并能增进食欲。

菜肴特色：橄榄菜味浓鲜香，甜豆脆爽，散发滋滋甜味，味感
鲜明。

泰酱烧彩色萝卜

原料调料

青萝卜、白萝卜、黄萝卜、胡萝卜各 150 克，泰国甜辣酱 5 克，酸豆角汁 5 克，盐 0.5 克，蘑菇精 1.5 克，生粉 2 克，葱油 5 克，蒜泥 2 克。

制作方法

1. 萝卜刨去皮，青萝卜用瓦楞刀切成波浪条，白萝卜切成瓦楞条，黄萝卜切成瓦楞状的滚刀块，大红萝卜切成瓦楞菱形块，四种颜色的萝卜放在水里煮一下捞出待用。

2. 锅里加入油，放入蒜泥炒香，加入酸豆角汁，泰国甜辣酱炒一下，再加入水、盐和四种萝卜，煮软入味后放入蘑菇精，用水调生粉勾芡并拌匀，滴上葱油装盘即可。

烹饪之道

萝卜既要酥软也要形态完整，火候的运用是关键。

食材知识

萝卜可分为青萝卜、白萝卜、红萝卜、胡萝卜，本菜用泰国甜辣酱和酸豆角烹制，口感新颖，萝卜荟萃。

营养知识

萝卜素有"小人参"的美誉，经常食用能起到降低胆固醇、维持血管弹性、防止脂肪沉积氧化、洁净血液和皮肤的作用。本菜中各色萝卜汇集，形状、调味又别具一格，可谓推广萝卜的"代言"菜品！

菜肴特色：色彩自然，朴素而不失艳丽，萝卜酥软，略带酸辣。

融合菜

咖啡南瓜

原料调料
大红南瓜 500 克，咖啡粉、植脂末各一小包，白砂糖 50 克。

制作方法
1. 南瓜去瓢带皮，切成方丁，正反面交叉地整齐地排摆在深盘里，将摆好的南瓜放进 150 度的烤箱烤至酥软取出。
2. 锅中放 100 克水、白砂糖、咖啡粉及植脂末，烧至浓香汁稠时，轻轻将汁倒在南瓜盘里即可。

烹饪之道
南瓜须切得规格一致，方能排列整齐而产生美感。

营养知识
咖啡除了能提神醒脑，还能预防心血管疾病，同时还具有抗炎抗氧化的功能，是一款健康的风味食品。

知识链接
这道菜并非点心，而是一道较有趣的新颖甜菜，甜菜又分甜炒菜和甜冷菜。甜点属点心师的操作范畴，甜炒菜与甜冷菜属红案厨师的操作范畴，咖啡南瓜是一道创新融合菜，适用于新款冷盘或高档茶食。

菜肴特色：色彩谐调，造型美观，南瓜酥软，咖啡浓香。

泰酱烧三白

原料调料
马蹄 200 克，莲藕 200 克，山药 200 克，泰国辣椒酱 60 克，酸菜汁 3 克，生粉 1 克，西兰花少许，葱油 3 克。

制作方法
1. 马蹄削去皮，莲藕刨皮后切成厚片，山药刨皮切成斜段即成"三白"。
2. 锅中加水烧开，先放入山药，烧开后再放入马蹄，最后放入藕片，烧开后捞出沥去水分。
3. 锅洗净上火，放入泰国辣椒酱、酸菜汁和少许水，烧开后用水调生粉勾芡，再放入"三白"翻匀，滴上葱油，出锅装盘。
4. 西兰花焯水后，用刀削取菜花表面粗粒，撒在"三白"上即成。

烹饪之道
马蹄和莲藕均不能久煮，否则易变色，也会影响脆感。

菜肴品鉴
泰酱烧三白是一道还未上市的新研发的菜肴，采用泰国风味调料与中国特色原料融合烹调的方法，突出了菜品白净素雅、清甜酸辣、鲜嫩脆爽的特点，呈菜效果绝佳。

菜肴特色：色汁白亮，口味咸鲜酸辣，质感脆嫩爽口。

青芒拌莴笋

原料调料

青芒果 100 克，莴笋 400 克，盐 2 克，葱油 5 克，蘑菇精 1 克，苹果醋 2 克。

制作方法

1. 青芒果和莴笋刨去皮后，分别切成丝，莴笋用盐腌软后，滗去水分。
2. 将莴笋、青芒丝放入干净的容器内，调入蘑菇精、苹果醋、葱油，拌匀装盘即可。

知识链接

水果入菜为数不多，青芒果在成熟前脆嫩微酸，与莴笋拌着吃别有滋味，芒果成熟后肉质变软，由酸变甜，即失去了"拌莴笋"的入菜条件。

营养知识

青芒果被称为"热带水果之王"，有抗癌抑癌、通便杀菌、祛脂降压、养颜护肤的食疗功效，但哮喘患者和虚寒咳嗽者应避免食用。

菜肴特色：色泽素雅，咸鲜微酸，口感脆香。

融合菜

奶香青豆泥

青豆 400 克，牛奶 150 克，炼乳 100 克，白砂糖 50 克，红枸杞 3 粒。

制作方法
1. 锅中加水烧开，放入青豆煮熟捞出并立即浸入冷水中快速降温，红枸杞用热水泡开。
2. 凉透的熟青豆过细筛，筛出细豆沙，再用干净的纱布包裹细豆沙，挤去水分后，成青豆泥。
3. 锅洗净，加入牛奶、炼乳、白砂糖和青豆泥，开小火加热并不停搅拌，待煮沸冒泡，青豆泥变稠时，倒入深盘中，最后用红枸杞点缀在中间即成。

烹饪之道
为便于操作，青豆过筛时可以适当加水调节稠度。

知识链接
炒青豆泥是一款北方传统风味的甜炒菜，将青豌豆煮熟后，筛剔出青豆泥，经加糖炒制而成，成品清香甜糯。本菜中加入了炼乳烹制，使得绿色更柔和，甜味呈奶香。

营养知识
青豆富含蛋白质、不饱和脂肪酸、大豆磷脂，以及多种维生素和微量元素，有保护血管、健脑和预防脂肪肝的功效，同时对多种癌症都有抑制作用。

菜肴特色：色泽翠绿，奶香浓郁，入口绵滑，清甜不腻。

融合菜

三味花菜

原料调料

西兰花 150 克，椰花菜 150 克，散花菜 150 克，油咖喱 4 克，淡奶 18 克，盐 1.2 克，蒜泥 1 克，蘑菇精 1 克，白胡椒粉 0.2 克，清油 7 克，生粉 5 克，白砂糖 0.5 克。

制作方法

1. 将三种花菜切成块，热水锅中焯水捞出后，分别放置。
2. 锅烧热放点油，放入蒜泥和西兰花煸炒，加入盐、蘑菇精、适量的水，炒熟后勾芡淋少许油，出锅盛在腰盘 1/3 中段处，花头朝上摆放整齐。
3. 锅洗净后，放入清水、盐、蘑菇精、白胡椒粉，放入椰花菜烧熟，出锅前加入淡奶勾芡滴上少许清油，装在腰盘的一边。
4. 锅洗净烘干后放少许油，放入油咖喱和散花菜，调入盐、蘑菇精、白砂糖，待散花菜烧熟后放入少许淡奶，勾芡滴上少许油，盛在腰盘的另一边，摆排整齐即可。

烹饪之道

此菜分多次烧制，一菜多味，小份操作会较烦琐，适合批量或大份制作。

营养知识

花菜含有丰富的维生素 C 和维生素 B，西兰花有提高免疫力、治疗便秘、降低血糖、抗氧化、防癌变的作用。

菜肴特色：色彩分明，蒜香、奶香、咖喱香，口味多样，深受儿童喜爱。将同类型的蔬菜合为一体并做出不同的口味，可以适应特定餐宴的需求。

地瓜炒荷兰豆

地瓜 200 克，荷兰豆 200 克，红椒 75 克，盐 1.5 克，蘑菇精 0.5 克，清油 5 克，大蒜片 5 克，黄酒 5 克。

制作方法
1. 荷兰豆撕去茎，切成菱形片，地瓜刨去皮，改刀成长块后，斜切成片，红椒去蒂去籽，切成菱形片。
2. 锅中倒入清水烧开，放入切好的原料烫一下随即捞出。
3. 锅烧热加入清油，投入大蒜片，倒入原料，大火快速煸炒，放入盐，烹入黄酒，炒熟即可出锅装盘。

烹饪之道
烫水后煸炒，能够缩短烹调时间，使其固色并受热均匀，达到翠绿与洁白的色彩效果。

食材知识
地瓜白嫩微甜，在农村，人们常拿来当作水果生食，此菜中将洁白的地瓜和翠绿的荷兰豆搭配烹制，不仅色泽协调，而且味觉上也多了一些层次感。

营养知识
地瓜并非红薯，而是一种块根肥大的根茎类作物，其富含碳水化合物、蛋白质和钙、铁、锌等多种矿物质，此菜运用急火快炒成熟的烹调方法，最大程度地保全了地瓜的营养与功效。

菜肴特色：翠白相间，脆嫩爽口。

西芹花豆炒百合

原料调料
西芹 200 克，鲜百合 100 克，干花豆（或红腰豆）100 克，红椒 50 克，清油 7 克，盐 1.5 克，蘑菇精 1 克，生粉 2 克。

制作方法
1. 西芹撕去老茎，切成斜片，鲜百合掐去根，剥出白瓣，红椒切成菱形片待用。
2. 干花豆用凉水泡开后煮熟，西芹、百合分别焯水。
3. 锅烧热倒入油，放入西芹、百合、花豆和红椒煸炒，调入盐、蘑菇精炒透后，用水调生粉勾芡，滴上几滴清油即可装盘。

烹饪之道
花豆或红腰豆要烧酥，但不能太烂，否则会影响色形。

食材知识
百合的品种很多，有苦味重的，有甜味浓的，有淀粉含量高的，也有脆嫩感好的，我国两湖、苏浙等地都有种植。论食材的使用要属湖南和甘肃地区的龙牙百合品质最好，因有着优越的环境和肥沃的土壤，所以收获的百合不仅型大，而且白嫩饱满、甘甜脆爽。

营养知识
花豆又名肾豆，能有效补充人体所需的微量元素，具有消水肿、提高免疫力、降血压等作用。

菜肴特色：西芹、百合口感脆嫩，花豆软糯，是一款集多原料于
一体的素菜。

红薯芝士球

原料调料
红薯400克,黄油20克,芝士2片,盐3克,椰丝100克,鲜柠檬片10片,薄荷叶10片。

制作方法
1. 芝士片等分成10份,并搓成芝士小球,待用。
2. 红薯洗净,隔水蒸熟,趁热撕去表皮,加入黄油和盐,捣拌成红薯泥。
3. 将红薯泥等分成10份,每份嵌入一粒芝士小球,随即用两把沾过热水的汤勺将红薯泥盘成圆球状,再将红薯球放入椰丝中滚粘均匀,即成红薯芝士球。
4. 盘中摆放柠檬片,将红薯芝士球置于柠檬片上,在间隙处插入薄荷叶,趁热食用。

菜肴品鉴
此菜中柠檬、薄荷清鲜,红薯甘甜,融合着黄油、芝士和椰子香,美味可口。

食材知识
芝士片又称奶酪,是发酵的牛奶制品,其性质与常见的酸奶有相似之处,含有可以保健的乳酸菌,但奶酪的浓度比酸奶更高,近似固体食物,营养价值因此更加丰富。

营养知识
芝士不仅含有优质蛋白质,还含有糖类、有机酸、钙、磷、钠、钾、镁等微量矿物元素,铁、锌以及脂溶性维生素A、胡萝卜素和水溶性的维生素B1、B2、B6、B12、烟酸、泛酸、生物素等多种营养成分。

菜肴特色：白里透红，秀色玲珑，香甜味美。

家常菜

家常菜是指居民百姓在日常家庭生活中烹饪的肴馔，具有地方风味和人文情怀的特点，是中华民族日常生活中饮食习俗的体现。

随着生活质量的提高，百姓"不仅要吃得饱，也要吃得好"，这促使了民间的家庭炉灶不断地创制出经济实惠的肴馔来。经过长期的积累与沉淀，"取其精华，去其糟粕"，许多家常菜被家族式地传承了下来。其中不乏制作方法奇特，口味别具一格，脍炙人口的名点、佳肴和原料。其独特的风味不仅在当地广为流传，更是声明远扬，如赣湘地区的黑臭干，皖南地区的毛豆腐，浙江地区的梅百叶、梅干菜等。家常菜取材于当地的物产，烹调方式常规而简单，调味方法朴实而自然。家常菜的这些特点尤其在民间素食的制作上更能充分体现。我国属于农耕国家，民间素食风俗早在先秦时期就已经形成，历史上第一部农学典籍《齐民要术》一书中著有素食专章，成为素食文化发展的重要依据。

家常菜蕴藏着丰富的烹饪智慧，沉淀着深厚的美食结晶，从客观意义上说，它是中国烹饪文化的基石，更是中国菜的根。

扬州八宝菜

原料调料

胡萝卜丝 50 克，水芹菜 75 克，咸菜茎 50 克，冬笋 50 克，黄豆芽 75 克，黑木耳（水发）50 克，金针菇 50 克，粉丝（水发）100 克，盐 1 克，豆油 15 克，麻油 2 克，生抽适量。

制作方法

1. 各种原料分别改刀成丝。
2. 锅烧热放入豆油，先将黄豆芽、冬笋、咸菜茎煸烧，再放入胡萝卜、水芹菜、金针菇煸炒，最后放入黑木耳、粉丝，加入水、生抽、盐烧开后滴入麻油，炒匀即可装盆。

烹饪之道

炒制时要旺火热油，快速烹制才能保持原料脆爽。尽量把各种丝切得均匀，便于成熟统一，并且整齐划一，亦显美观。

知识链接

每当过年，必备的年菜一般都是荤菜，人体难免会因为动物原料的大量摄入，造成消化系统负担。"扬州八宝菜"食材全素，食之脆嫩爽口，清淡不腻，是佐餐饮食、调节口感的最佳菜肴。

营养知识

这是一道"鲜"菜，如笋和咸菜茎等原料富含生成鲜味的各类氨基酸，既让菜品易于呈鲜，又确保了各类营养成分的低损耗与高吸收。所以说，这是一款滋味鲜美、营养全面的好菜。

菜肴特色：色彩丰富，入口脆爽鲜香。

家常菜

拌冷菜（老虎菜）

原料调料
黄瓜 350 克，香菜 150 克，洋葱 75 克，粉皮 200 克，大蒜头 5 克，香油 5 克，生抽 20 克，老抽 5 克，盐 2 克，老陈醋 35 克，蘑菇精 2 克。

制作方法
1. 黄瓜刨去皮切成丝，香菜洗净切成寸段，洋葱切成细丝，粉皮过水后切成条，大蒜头去皮拍碎剁成蓉。
2. 把所有原料放在容器内，加入蒜蓉拌匀后码堆在盘子里。
3. 将香油、生抽、老抽、盐、老陈醋、蘑菇精调在一起成味汁，装碟跟菜上席或浇在老虎菜里上席均可。

烹饪之道
掌握好醋的用量，确保原料新鲜与操作卫生。

营养知识
此菜的"灵魂"是香菜，香菜富含膳食纤维、胡萝卜素、叶酸及多种矿物质，有开胃消郁、降压排毒的食疗功能。

菜肴典故
相传"老虎菜"的由来与张作霖有关。当年日军侵占东北，张作霖心情很不好，吃什么饭菜都没有胃口，家厨想尽办法，用黄瓜、香菜、洋葱、粉皮、辣椒拌了一道清凉爽口的凉菜，取名叫作"老虎菜"，寓意张作霖是东北虎，张作霖食后开胃又开怀，此后这道"老虎菜"便名扬东北了。

菜肴特色：脆嫩凉爽，辛辣开胃，是北方家常特色凉菜。

四川泡菜

原料调料
包菜 500 克，胡萝卜 75 克，白萝卜 100 克，彩椒（青椒、黄椒、红椒）100 克，泡菜老卤 750 克，盐 4 克，白酒 2 克，花椒少许。

制作方法
1. 包菜和彩椒洗净后撕成块片，白萝卜刨去皮切成瓦楞条状，胡萝卜刨皮后切成齿轮片。
2. 将所有原料放在容器里撒上盐腌制一小时，使原料软化，同时排出原料中的部分水分，增加泡菜时泡坛内的容积率。
3. 将泡菜老卤倒入小坛里，先放入盐 1 克、白酒 2 克和花椒补味，再将盐腌过的原料沥去水分后放入坛内，用力压紧，使原料完全浸没在泡菜卤的下面，盖上坛盖并密封好。
4. 将泡菜坛放在 20 度的气温下泡 2 ～ 3 天即可取出食用。

烹饪之道
泡菜制作与卤的浓度和环境温度密切相关，泡卤浓、温度高，则成熟快，反之，则泡制时间延长。

知识链接
四川泡菜是家喻户晓的家常菜肴，它的制作有着千年的历史文化，无论是早餐小菜，还是晚宴味碟，它既能充当正餐中的开胃菜，又能成为茶歇酒令间的佐食。四川泡菜深受厌食患者和宴后腻食者的欢迎，它是川菜特色的典范，也是普罗大众的家常菜。

营养知识
四川泡菜经发酵产生益生菌，且泡菜食材原料中富含维生素 C、维生素 B_1 等多种维生素及钙、铁、锌等多种矿物质。

菜肴特色：色彩鲜艳，口感脆爽，咸中带酸。

家常菜

咸菜豆瓣沙

原料调料
青豆瓣 350 克，咸菜 25 克，咸菜卤 6 克，葱油 20 克，红椒 10 克。

制作方法
1. 青豆瓣放在蒸笼里蒸酥，趁热取出塌成沙，咸菜取茎弃叶，切成细末待用，红椒摘蒂去籽切成细丝泡在净水中待用。
2. 锅烧热加入油，依次放入豆瓣沙、咸菜末、咸菜卤炒香，炒制过程中适量添加热水，以防止豆瓣沙受热脱水而变得太稠。炒至泛泡起香、稠度合适时，加点葱油即可出锅，出锅稍作冷却后装进裱花袋，裱入盏盏纸托中，用红椒丝点缀其上即可。

烹饪之道
选用上海本地新鲜黑眼的老豆，太嫩的豆不能做。豆瓣一定要蒸酥搅碎。

菜肴品鉴
咸菜豆瓣沙是一款地地道道的上海家常特色菜。端午时节，饱满的本地蚕豆大量收获，亦可将豆瓣煮酥后，与自家腌制的雪里蕻咸菜同炒，鲜味十足，绵绵糯糯的口感，令人回味悠长，是今日本豆、外地豆所不可比拟的那个色，那个香，那个味。

营养知识
青豆瓣和咸菜皆为绿色的食材，其富含维生素 C 和维生素 A 原，能保肝解毒，促进视觉健康，还有强健骨骼和牙齿的功效。

菜肴特色：造型别致，特色鲜明，色泽淡绿，口感酥沙，鲜香味美。分盏盛装更符合高档宴席的档次和卫生要求。

煎小土豆

红皮小土豆 300 克，葱末 15 克，白胡椒粉 0.2 克，盐 2 克，花生油 20 克，椒盐粉 1 克，辣椒粉适量。

制作方法
1. 土豆洗净蒸酥，取出剥去皮，放在盆里，撒上盐、葱末、白胡椒粉、辣椒粉拌匀，趁热将熟土豆压平，放置半小时。
2. 锅中放入花生油，将土豆放入让其慢慢煎黄煎香，倒去油，撒上椒盐粉即可。

烹饪之道
煎锅要烧热后放油，否则煎土豆时易粘锅，煎制好的土豆也可以不撒椒盐粉调味而蘸色拉酱食用，风味别具一格。

食材知识
浙西大峡谷除了笋和小核桃闻名全国外，还有两样食物非常著名，那就是初夏的小土豆和深秋的红皮小山芋。因当地人生活在山区、农耕在山间，得天独厚的自然环境中生长成熟的小土豆和小山芋特别粉特别香。因为好吃而又稀少，价格自然会高于同类产品几倍。农家人还时常将小土豆收割后放在屋前吹干些水分，既便于保存，口味也更香。

营养知识
土豆含丰富的蛋白质，具有人体所需的 8 种氨基酸，对提高免疫力、增强抵抗力非常有益。除此之外，土豆润肠通便的效用也能有效地降低肠道疾病的发生率。

菜肴特色：煎制土豆呈金黄色，口感脆香松软，香味十足。

雪菜笋丝烧百叶

原料调料

薄百叶 3 张，笋 100 克，雪菜 150 克，盐 1 克，蘑菇精 1 克，葱末 5 克，香油 3 克，清油 10 克。

制作方法

1. 薄百叶切成丝，焯水捞出后冷水过凉，笋切成丝，雪菜洗净后取茎切成末。
2. 锅烧热加油，先放入葱末和雪菜炒香，再放入百叶丝、笋丝，加入水、盐、蘑菇精烧开后，焖 5 分钟，见汤浓稠时滴上香油出锅装盘。

烹饪之道

咸鲜味，制作简单，调味要准。

知识链接

"味的互补"是烹调的原则之一，味浓原料与味淡原料的结合称为味的互补，咸菜是浓味，百叶是淡味，笋是鲜味，按这种烹制原则制作的菜还有咸肉冬瓜汤、咸菜豆腐汤等。

营养知识

笋的蛋白质含量高，且富含赖氨酸、酪氨酸和色氨酸，百叶也是富含氨基酸的高蛋白食物，两者配伍可谓"强强联手"，补益有加。但过犹不及，过量食用百叶易引起消化不良，过量食用笋易造成脾胃虚寒。

菜肴特色：百叶松软，雪笋脆嫩，滋味鲜美，呈菜清爽。

粥汤雪里蕻

原料调料
新鲜雪里蕻 400 克，大米 100 克，盐、白砂糖、清油适量。

制作方法
1. 粥汤制作：洗净的大米熬成粥，滤出粥汤（200 克）待用。
2. 雪里蕻去掉老叶根蒂，洗净后切成短段。
3. 粥汤放在锅里，加入盐、清油和白砂糖，烧开后放入雪里蕻，不停翻拌，并开大火快速将菜在粥汤中汆热，随即盛入盆里即成。

烹饪之道
粥汤汆的目的是使蔬菜水分不外溢，口感脆嫩爽口。菜下粥汤锅时，要旺火快速翻拌，使其快速成熟，才能嫩爽。

食材知识
此菜做法讲究，使家常菜上了个台阶，成为品味独特的具有典型民间风格的菜肴。雪里蕻属芥菜类，经腌渍后特别鲜香，但茎长感觉老，故农家切成短段，用粥汤汆制，口感要脆嫩很多。此菜烹调科学合理，雪里蕻在粥汤碳水化合物的溶液中成熟，比开水汆熟更觉嫩爽。春天大地苏醒，草木生长，此时雪里蕻也最嫩，用来做菜，最是适宜。

营养知识
粥有健脾补虚的功效。以大米熬粥可与多种食材共煮同食，其与杂豆杂粮共煮，即有粗细搭配之功，与蔬果同食，亦有通经活络之效。无论是高档珍品还是普通食材，皆可以粥为引，滋养补虚，强身健体。

菜肴特色：搭配巧妙，米汤稻香，鲜嫩爽口，咸鲜雅淡。

苔条花生

原料调料
新鲜干爽的苔条 50 克，花生 250 克，白砂糖、盐、油适量。

制作方法
1. 苔条放在太阳下晒干（或用烤箱烘干），揉成碎段待用。
2. 盐与白砂糖用少量热水调成溶液，把花生泡上调味。
3. 锅中放入少量油，放入花生不停翻炒，听见花生发出"噼里啪啦"声响时，放入苔条，炒香即可，冷却后食用。

烹饪之道
花生在油里翻炒时油不能多，花生外表有少量油时，即可将苔条炒酥炒松。炒花生要小火慢炒，方能炒香炒透。

食材知识
苔条是海洋藻类植物，春夏水温高时，会大量生长；色彩碧绿，形如麻丝，制成食品后芳香独特，脆松成鲜。夏季上市时用来烹制花生、鱼条、糕点，最为新鲜香醇，芳香独特，风味明显。因其易氧化变黄，应放冰箱储存。

营养知识
花生含有丰富的蛋白质，苔条里储存着足够的维生素，两者搭配是素食营养合理搭配的范例之一。

菜肴特色：色彩褐绿，苔条松酥，花生脆香，口味咸鲜略带
　　　　　甜味。

绍兴汤

原料调料

笋尖梅干菜 40 克，黄豆芽 150 克，竹笋 50 克，盐 1 克，蘑菇精 1 克，白胡椒粉 0.2 克，香油 1 克。

制作方法

1. 笋尖梅干菜洗去杂质，放在碗中，清水泡软；黄豆芽洗去豆芽皮；竹笋切成丝。
2. 将泡软的笋尖梅干菜连同泡出的汁水一同倒入锅里加热，烧开后捞出，放入碗里。
3. 汤锅中放入黄豆芽和竹笋丝继续加热，烧开后加盖焖烧 15 分钟左右，待黄豆芽烧酥、烧出鲜味时，再调入盐、蘑菇精、白胡椒粉，滴上香油出锅，舀入盛放笋尖梅干菜的碗中即可。

烹饪之道

笋尖梅干菜泡出的汁水非常鲜香，一定要利用。豆芽的鲜味要烧酥才能溢出。

菜肴品鉴

绍兴汤虽因其价格低廉而常被绍兴当地人唤作"穷人汤"，但汤中所使用的绍兴嫩笋梅干菜却是梅干菜中的上品，竹尖、芥菜经发酵腌制后产生酸鲜的口味，不仅便于保存方便取用，且风味独特；笋的鲜与梅干菜的鲜香融合在一起可谓鲜上加鲜，做汤更是别具一格。此菜原料通俗，操作方便，入味清鲜，营养丰富，是夏日里的家常特色大众汤。

营养知识

梅干菜选用芥菜或白菜或雪里蕻等原料，经晒干堆黄腌制而成。其富含多种微量元素，在烧制过程中还能产生极其丰富的氨基酸，使成菜香味独特、滋味鲜美，并有开胃助消化、生津补虚劳等功效。

菜肴特色：汤清色红，香气扑鼻，清香味美，别有风味。

酱瓜烧白扁豆

原料调料
白扁豆 250 克，酱瓜 25 克，葱白 5 克，盐 1 克，豆油、麻油适量。

制作方法
1. 白扁豆放入锅中，加水用小火烧酥。
2. 酱瓜切成末子，葱白切碎。
3. 锅中加入豆油烧热，放入葱白、酱瓜炒香，再放入白扁豆，调入盐，用小火微焖一下，见汁收紧时翻匀，滴上麻油即成。

烹饪之道
白扁豆用小火慢慢烧酥，方能炒酱瓜。用甜酱瓜，既有甜味，也有鲜味。

食材知识
白扁豆是一种特殊的藤类植物在秋天结的果实，与普通扁豆不同，白扁豆的豆荚不能食用，只能剥开豆荚食其豆。上海菜场中的崇明白扁豆最负盛名，秋天还没长老的白扁豆剥肉烧制，更为香糯。

营养知识
扁豆植物蛋白质含量高，易于被人体消化吸收。白扁豆是豆中之王，除了丰富的蛋白质外，还含有脂肪、糖类、膳食纤维及多种维生素和矿物质，因其营养成分较高，常被人们喻为"素肉"。

菜肴特色：白扁豆酥糯鲜香，是佐酒好菜。此菜冷食可作凉菜。

家常菜

拌凉粉

原料调料

凉粉 400 克，黄瓜 100 克，榨菜 50 克，花生酱 25 克，生抽 6 克，盐 1 克，辣油 3 克，白砂糖 2 克，麻油 2 克，蘑菇精 1.5 克。

制作方法

1. 凉粉批去表面硬皮，切成指甲盖大小的块；黄瓜刨去皮，切成丝；榨菜切成细丝，浸入凉水中泡淡。
2. 黄瓜丝放在盘边，中间码上凉粉；榨菜丝沤去水分，放在凉粉上。
3. 花生酱用纯净水调开，放入所有调料调匀，舀在蘸料碟里随凉粉上桌，或直接浇在凉粉上，上桌后拌匀食用。

烹饪之道

凉粉不能放入冰箱，否则质易变硬。原料应新鲜，操作应卫生。

食材知识

做凉粉的原料很多，有绿豆粉、蚕豆粉、山芋粉、土豆粉等，但唯有绿豆粉做成的凉粉品质最好，其成品细腻光亮，口感富有弹性。

营养知识

凉粉是由植物淀粉制作而成的胶状物，不仅富含碳水化合物和蛋白质，且含有大量的水分和天然的植物胶质，食用后具有消暑解热、润肠通便、减肥瘦身、滋阴养颜等功效。本品属于夏季凉拌菜，可不经加热蒸煮而直接食用，因此操作时要确保环境与食材干净卫生，且须现做现食，不可长久存放。

菜肴特色：清凉解腻，脆软爽口，咸甜微辣。

油条烧丝瓜毛豆

原料调料
油条 1 根，肉丝瓜 400 克，毛豆仁 50 克，红椒 20 克，盐 2 克，蘑菇精 2 克，清油 15 克。

制作方法
1. 油条撕成两半，切成斜块，放在开水中烫一下去掉油。
2. 肉丝瓜刨去皮，切成滚刀块；红椒去籽，切成菱形片。
3. 清油倒入锅中烧热，放入毛豆仁略煸一下，再放入丝瓜翻炒片刻，加入水、油条、红椒、盐、蘑菇精盖上锅盖烧一分钟，勾上芡，滴上少许油，即可出锅装盘。

烹饪之道
选用肉丝瓜，品质好，也不会变黑色。

知识链接
这是一道既通俗又实惠的家庭式创新菜，油条为此菜增加了色彩、香味和油润感。选料时最好选用粗短肉厚、不易变黑的肉丝瓜。

营养知识
丝瓜含有丰富的钾、钙、镁、磷等矿物质及维生素 B1、维生素 C、叶酸、胡萝卜素等营养素，还含有充足的膳食纤维、皂苷、苦味质、木糖醇等物质，经常食用有通便凉血、润肤强心等作用。

菜肴特色：色泽绿黄相间，丝瓜软嫩，毛豆酥糯，油条松香。

香炸茄饼

紫粗茄 2 根，老豆腐 250 克，橄榄菜 100 克，鸡蛋 2 只，生粉 75 克，面包糠 100 克，清油 750 克（实耗 25 克），盐 1 克，蘑菇精 0.5 克，香葱末 5 克。

制作方法
1. 老豆腐塌成泥，加入盐、蘑菇精、橄榄菜、香葱末拌匀成馅料。
2. 茄子洗干净切成 0.2 厘米厚的圆片，鸡蛋敲入碗中，加入生粉，调匀成蛋粉糊。
3. 取一片茄子放上馅心 20 克，再盖上另一片茄子成茄夹，放在蛋粉糊里拖一下，然后粘滚上面包糠。
4. 油倒入锅中烧热，放入茄夹，炸至金黄捞出装盆。

烹饪之道
如锅小油少，可分批炸制，也可煎制。

知识链接
茄子饼是旧时最通俗不过的能满足小孩嘴馋的一道农家菜，如今为了菜肴的创新，有些饭店做成了"串串茄子夹"的呈菜形式，食用者从串中取食，增加了与菜品的互动，获得了食用乐趣。

营养知识
蛋粉糊就像一件外衣，牢牢地守护着茄夹，使茄夹中的营养成分不易在油炸时流失损耗，这便是挂糊对食材中营养素的保护，是传统烹饪工艺的智慧，也是科学的烹调方式。

菜肴特色：色呈金黄，外香脆，里软嫩，味咸鲜。

家常菜

泡蒜瓜萝卜头

原料调料
黄瓜 1 根，新大蒜 5 颗，小红萝卜 400 克，泡菜老卤 750 克，白砂糖 250 克，盐 10 克。

制作方法
1. 泡菜老卤放在小泡菜坛里，加入白砂糖、盐调匀。
2. 黄瓜洗净并吸干表面水分，新大蒜头撕去外表老衣，小红萝卜洗干净削去根尖与叶蒂，吸干表面水分后，一起放入坛子，封好口。黄瓜与萝卜 3 ～ 5 天就能启封食用，大蒜头要 8 ～ 10 天，才能入味。
3. 装盘时黄瓜切片放在底部，小红萝卜撕去皮后放在中间，大蒜头掰开后围在黄瓜的间隔处。

烹饪之道
泡菜坛内不能沾生水，封口要紧密，不然会变质，泡菜味型有咸酸的也有甜酸的，可根据个人喜好增减白砂糖和盐的用量。

菜肴品鉴
中国泡菜盛行一时，有辣咸味的，如泡黄椒、泡红辣椒，有咸酸味的，如泡酸豇豆、泡圆白菜，还有甜酸味的，如泡大蒜头、泡小红萝卜等。

营养知识
泡菜营养丰富，口味独特，有提高食欲、促进消化、调节肠道功能等效用，是公认的发酵型营养食品。泡菜原料选材广泛且多为普通价廉蔬菜，是人们开发发酵类食品的范例。

菜肴特色：萝卜鲜红晶莹，大蒜粉红带白，黄瓜呈咸菜色，脆嫩小酸甜，比腌制的糖醋小萝卜更有特色。

扁尖烧马桥干

原料调料

马桥干 400 克，扁尖笋 15 克，老抽 3 克，生抽 5 克，白砂糖 2 克，蘑菇精 1 克，香油 3 克。

制作方法

1. 马桥干斜切成两半，再批成斜块；扁尖笋洗净，切成段放在水里泡软。
2. 马桥干与泡好的扁尖笋连同泡笋水一起放在锅里，加入老抽、生抽、白砂糖、蘑菇精，烧开后，盖紧锅盖小火焖 10 分钟，见马桥干烧松，断面色红时，滴上香油，出锅装盘。

烹饪之道

烧时必须盖上锅盖，要烧至马桥干起空入味。

食材知识

马桥是位于上海西南现闵行区内的一座小镇，清末民初时马桥干便起源于此。论豆制品，马桥镇包括周边的荷巷桥和西浦泾做得都很好，尤其在改革开放后，个体户们将豆制产品做精、做强、做大，使得马桥香干声名鹊起。马桥干清香质韧，软硬适中，余食不腥，久煮不烂，因其品质上乘而闻名。扁尖笋搭配马桥干，鲜香融合，是一款咸鲜清爽的好菜。

营养知识

与豆腐相比，豆腐干的营养成分更加丰富，尤其是钙的含量高于豆腐两三倍；除此之外，豆腐干所含大量的大豆异黄酮和 B 族维生素对调节更年期激素水平有着积极的作用。

菜肴特色：松软鲜香，色泽淡红。

家常菜

什锦冻豆腐

原料调料

冻豆腐 350 克，虫草花 10 克，草菇 50 克，海鲜菇 300 克，竹笋 50 克，蘑菇 50 克，青菜心 50 克，素肉 50 克，葱结 5 克，姜片 4 克，白胡椒粉 0.5 克，黄酒 5 克，清油 10 克，盐 2 克，蘑菇精 2 克。

制作方法

1. 冻豆腐解冻后切成块，用冷水焯水待用，各种菌菇洗干净，型大的切成片，竹笋剥洗干净切成片，虫草花泡开后入水煮 15 分钟，素肉切成片，青菜心切成两半待用。
2. 锅烧热放入油，投入葱结、姜片炝出香味，再加入水和所有菌菇，调入盐，烧开后盖上锅盖焖 15 分钟，然后放入菜心、素肉烧沸片刻，最后加入蘑菇精出锅，装在砂锅里即可。

烹饪之道

煮时必须盖上锅盖，增压烧浓。

食材知识

冻豆腐原是我国北方对豆腐的一种吃法。在过去没有冰箱的年代，每到寒冬季节人们会将豆腐放置在室外冰冻，解冻后豆腐松软起空，富有一定的弹性。在烹调过程中，起空状态下的无数小孔能使汤汁渗入，使得淡而无味的豆腐像海绵一样吸收辅料的滋味。因此，冻豆腐是豆腐经冷冻后的变性，是豆腐在物理变化后的另一种风味。

营养知识

虽然豆腐经过冷冻后性状发生了改变，但并不影响其营养成分。这道菜食物种类多样，各类营养成分均衡，既符合膳食指南多吃果蔬奶豆的原则，又实践了"餐餐有蔬菜"的目标。

菜肴特色：豆腐松软鲜香，滋味浓郁。

黑干炒芦蒿

原料调料

黑臭干 4 块，芦蒿 400 克，黄酒 3 克，盐 1.5 克，蘑菇精 1 克，清油 5 克，香油 2 克。

制作方法

1. 黑臭干清洗干净，批成上下两片再切成丝；芦蒿洗净取其嫩茎，切成与黑臭干相似长的长段。
2. 锅烧热，放入油、黑臭干、芦蒿，大火不断洒水煸炒，过程中烹入黄酒，加入盐、蘑菇精炒香后滴上香油即可装盘。

烹饪之道

黑臭干与芦蒿都须煸透，方能出滋味。

食材知识

香与臭是为反义，同美与丑一样有内外之分，黑臭干亦是如此。黑臭豆腐干，是南京、安徽、江西等地常见的豆制品，乌赤墨黑，闻起来臭，吃起来香，它是浸泡在含有鱼块、冬笋、白酒、香菇和豆豉制成的臭卤水中，经老卤菌作用于原料发酵而成的风味豆制品，老卤中黑色的物质使豆干变黑，同时会产生发酵后的黑臭味道。

营养知识

芦蒿含有维生素、氨基酸、芳香脂和多种矿物质元素，尤其是抗癌元素"硒"的含量更是"抗癌食物"芦笋的十倍以上。芦蒿很少发生病虫害，种植期一般不使用驱虫农药，是无公害的绿色食品。

菜肴特色：闻臭食香，臭香兼容，软嫩脆鲜，风味独特。

小炒海带丝

原料调料
干海带 75 克，京葱 75 克，胡萝卜 50 克，郫县豆瓣酱 4 克，米醋 10 克，黄酒 5 克，生抽 3 克，老抽 1 克，白砂糖 2 克，白胡椒粉 0.2 克，清油 10 克，香油 2 克，花椒油 1 克，葱姜蒜末 4 克，蘑菇精 1 克。

制作方法
1. 干海带泡软切成丝，放在水中煮开，淋入 5 克米醋，片刻后捞出，放入冷水洗净。
2. 京葱剥去老皮，改刀成段再切成丝，胡萝卜刨去皮切成丝，待用。
3. 热锅中加入油，先放入葱姜蒜末和郫县豆瓣酱炒香，再放入海带丝、胡萝卜丝煸炒，然后烹入黄酒，调入生抽、老抽、白砂糖、白胡椒粉炒透入味，最后放入京葱丝、蘑菇精，滴上香油和花椒油，烹入米醋，炒拌均匀即可出锅装盘。

烹饪之道
海带要泡透后煮水，放点米醋可以去除腥味，出锅前烹醋，能够使菜肴增香。

食材知识
海带的海腥味较重，并不是优质的食材原料，但是海带含有丰富的碘和碘化物，经常食用有消肿止咳、防"三高"、利消化等功效，因此海带以健康食物的属性出现在千家万户的餐桌。小炒海带丝味觉丰富，是一款味觉独特的海带菜肴。

营养知识
海带的各种矿物质含量高，有抗辐射、瘦身减肥、降血压、降血脂和预防便秘等作用。

菜肴特色：香嫩爽口，滋味甜辣，咸鲜带酸。

桂花糖藕

原料调料
莲藕粗段，糯米 250 克，糖桂花 50 克，冰糖 50 克，红糖适量。

制作方法
1. 糯米浸泡数小时，取出滤干水分。
2. 莲藕洗净，刨去皮和节絮，在藕节的顶端粗段处切下节头，将糯米滚入嵌实，再将切段的节头放回原处，用牙签插牢。
3. 将藕放在砂锅或不锈钢锅里，放入水、红糖和一半的冰糖、一半的糖桂花，上火加热。
4. 水烧开后转小火焖 5 ～ 6 小时，见藕基本酥软时，再放另一半冰糖和糖桂花烧 1 小时，到藕全部酥软时关火，冷却后取出切片，浇上原汁即成。

烹饪之道
烧的时间要长，水要一次加足不能中途补充。烧煮时间短则不易酥糯，必须小火慢烧。冰糖不能一次下锅，否则藕不易烧酥。

食材知识
苏州地区河塘肥沃，莲藕肉白脆嫩，藕粗孔大，每到秋天均已长足。苏州人爱吃甜食，每逢莲藕当季，农家用糯米灌制，辅以糖和桂花小火烧酥成馔。作为当地闻名的美食，很多饭店将这一美食编入宴席的甜味冷菜中。

营养知识
藕富含淀粉、蛋白质、B 族维生素、维生素 C、钙、铁等营养素，是滋阳养血、强壮筋骨的有机自然的绿色生态食品，美味、营养、安全。

菜肴特色：色泽红润光亮，质感酥糯，口味香甜。

㸆五香花生

原料调料

大粒花生仁 300 克，八角 1 只，桂皮 2 克，盐 1 克，蘑菇精 0.5 克，草果、丁香、豆蔻少许。

制作方法

1. 花生仁放在深碗中用开水泡半小时，将花生剥去外衣并冲洗干净。
2. 不锈钢锅中加入清水，放入八角、桂皮、草果、丁香、豆蔻、花生仁、盐，烧开后盖紧锅盖，用小火慢煮两小时后加入蘑菇精，自然冷却。
3. 先将冷却后的花生仁整齐地排列进扣碗底部，再用花生仁填满扣碗，压紧并与碗口持平，最后将碗反扣在盘里即成。

烹饪之道

香料不能过多，扣碗排列时要细心。

知识链接

老菜有老味，“㸆五香花生”是 20 世纪六七十年代上海国际饭店宴席桌上的一味冷盘。山东的大花生，粒粒饱满、酥软香醇，与油氽或烤制的口感香味不同，㸆制的花生酥软香醇，五香味回绕。

营养知识

花生富含多种氨基酸、不饱和脂肪酸、维生素，可补充营养，增强体质，还能健脑益智，提升记忆力及大脑的“工作效率”。

菜肴特色：花生嫩白，松软鲜香。

蛋皮紫菜汤

原料调料

鸡蛋 1 只，紫菜 5 克，笋片 20 克，榨菜 20 克，黄瓜 20 克，胡椒粉 0.2 克，盐 2 克，蘑菇精 1 克，香油 2 克，小葱 2 克。

制作方法

1. 鸡蛋敲开放在碗里打散成蛋液，锅烧热后将蛋液摊成蛋皮。
2. 榨菜切成细丝后泡淡，黄瓜刨成薄片，蛋皮切成菱形片。
3. 锅里放清水烧开，加入榨菜丝和笋片，烧开后关火，放入盐、蘑菇精、黄瓜片、紫菜、小葱，滴上香油，撒上胡椒粉即可出锅盛入碗中。

烹饪之道

摊蛋皮时为防止粘底，一般需要炼锅，或使用不粘锅制作。

知识链接

在 20 世纪五六十年代，有些饭店为了提高服务质量，响应"为人民服务"的口号，一直将蛋皮紫菜汤作为附带赠送给有需要的客人，包括那些只买米饭，不买菜的穷人们。葱花、蛋皮丝、紫菜漂浮在汤面上，不仅好看好吃，而且价格也十分低廉。

营养知识

紫菜富含碘、钙、铁等微量元素，能够治疗贫血，促进身体发育和骨骼成长。另外，紫菜中所含的多糖还能提升人体免疫力。

菜肴特色：汤清味鲜，口感脆嫩。

家常菜

香椿拌豆腐

内酯豆腐 1 盒，香椿芽 150 克，盐 3 克，蘑菇精 2 克，白胡椒粉 0.2 克，香油 5 克。

制作方法
1. 香椿芽摘去老根并清洗干净，焯水后浸入冷水中，浸凉后取出切成细末，挤去水分。
2. 豆腐放在碗里捣碎，加入盐、蘑菇精、白胡椒粉、香油和香椿芽末一起拌匀即可装盘。

烹饪之道
因豆腐本身淡而无味，所以调味要偏重一些才能恰到好处。

食材知识
香椿又称香椿芽、香桩头、春芽，是香椿树的嫩芽，有"树上蔬菜"之称。香椿源于中国，在长江南北广泛种植，是落叶乔木，雌雄异株，叶呈偶数羽状复叶，古代称香椿为椿，臭椿为樗。中国人食用香椿久已成习，汉代就遍布大江南北，每年谷雨前后，香椿发的嫩芽可做成各种菜肴，它不仅营养丰富，香味浓郁，还具有较高的药用价值，不仅是宴宾待客的名贵食材，更被人们视为开春后的第一菜。

营养知识
香椿是时令蔬菜，有健脾祛湿、驱虫止泻的食疗功效。在搭配烹调时应注意：不能与黄瓜同食，黄瓜中的酶类成分会破坏香椿中的维生素 C，造成营养的流失；不能与牛奶同食，尤其脾胃虚弱者易引起腹胀；不宜与菜花同食，会引起钙元素的流失，影响吸收。

菜肴特色：椿芽香嫩，浓郁滑爽。

家常菜

荠菜笋菇百叶包

原料调料

野荠菜 200 克，冬笋 100 克，蘑菇 150 克，百叶 2 张，老豆腐 150 克，盐 2 克，蘑菇精 2 克，生粉 2 克，鸡蛋 1 只。

制作方法

1. 荠菜择洗干净，烫水后切碎，冬笋煮熟切成末，蘑菇洗净煮熟后切成粒，老豆腐塌碎挤去水分。
2. 将上述原料一起放入容器中，加入盐、蘑菇精、生粉、鸡蛋翻拌均匀，制成馅心。
3. 百叶改刀成 12 厘米见方的正方形并分别包入馅心，再分别用绳线扎紧成百叶包，将百叶包放进水锅里加热煮熟，剪去线扎装盘即可。

烹饪之道

馅的调配是做好此菜的关键。

知识链接

百叶包是一款非常传统的大众美食，生活中做百叶包通常少不了猪肉。为了让素食者也能享用这道传统菜式，故取荠菜、冬笋、蘑菇、豆腐为馅。荠菜笋菇百叶包是一道特色鲜明的净素美食，从素食的角度来诠释中华的美食文化。

营养知识

荠菜虽属野菜，但营养价值较高，其不仅含蛋白质、脂肪、粗纤维、糖类、胡萝卜素以及多种维生素和矿物质，还含有胆碱、乙酰胆碱、黄酮类等活性成分。荠菜有利于缓解白内障和夜盲症的不适，同时也可以清洁胃肠道，还能降低人体血液中胆固醇的含量。当然，荠菜中含有草酸，所以在制作前，尤其和豆制品等蛋白质含量丰富的食物一同烹制前，最好烫一下，这样能祛除荠菜中大部分的草酸，使菜肴的营养能被更好地吸收。

菜肴特色：百叶松软，馅心鲜香。

家常菜

笋菇烧百叶结

原料调料

薄百叶 4 张，扁尖笋 50 克，海鲜菇 100 克，葱白 30 克，白胡椒粉 0.5 克，盐 1.5 克，蘑菇精 1.5 克，黄酒 3 克，清油 5 克，香油 2 克，八角、毛豆仁、红椒丝少许。

制作方法

1. 薄百叶顺长切三刀成四片，系成弹簧结，放入冷水锅中烧开，煮 5 分钟后，倒入凉水中浸泡 5 分钟捞出。
2. 扁尖笋泡软剖开切成寸段，海鲜菇洗净改刀整齐，备用。
3. 锅中放入清油烧热，投入葱白、八角炒出香味，加入黄酒、盐、清水、白胡椒粉调味，挑出八角，依次放入百叶结、扁尖笋、海鲜菇和毛豆仁。
4. 烧开后，盖上锅盖转小火，烧 15 分钟左右，待百叶结烧软入味后，加入蘑菇精、香油即可。装盘时，百叶整齐地放在中间，其他各放一端，毛豆放在两头，顶端放上几根红椒丝即成。

烹饪之道

扁尖笋须泡去咸味，百叶结在烧制时尽量不要翻动，以免破裂，影响美观。

知识链接

此菜中的百叶造型采纳了中国结中的一种打结技法，与众不同的造型使菜肴充分地呈现出中国文化元素。

营养知识

扁尖笋富含蛋白质，不但赖氨酸、色氨酸、苏氨酸等人体必需氨基酸的种类较全，而且还含有多种矿物质与维生素，在植物类食材中较为少见，是典型的低脂低热量、健康又美味的食材。

菜肴特色：形整齐雅致，色清爽简约，质感迥异，口味咸鲜。

素肉莼菜汤

原料调料
莼菜（瓶装）250克，素红肠50克，冬笋50克，黄豆芽100克，扁尖笋30克，清油2克，盐1克，蘑菇精2克。

制作方法
1. 扁尖笋泡软，黄豆芽洗净，一同放入水锅中，烧煮慢熬半小时成素鲜汤。
2. 莼菜倒入清水中浸泡片刻，素红肠与冬笋分别切丝。
3. 将熬好的素鲜汤倒入炒锅里，先放入素红肠丝、冬笋丝烧开，再加入盐、蘑菇精，最后放入莼菜，放入莼菜后，立即出锅盛入碗中，滴上清油即可。

烹饪之道
莼菜中含有丰富的铁元素，久烧易变黑，应即入疾出。

食材知识
莼菜属睡莲科中的一种水草，因其嫩茎叶在未浮出水面时采摘，表面胶滑，取之不易，故民谚有"摘老菱当心触刺，摘莼菜当心滑脱"之说。莼菜脆嫩爽滑，是珍贵的野生食材，被誉为"水下龙井"，不仅口感好，且富含微量元素和维生素。历代皇帝下江南时，官吏常以此物上贡，制成御膳。

菜肴品鉴
这是一款地方风味浓郁的清汤菜，席后饮用清口，非常惬意。西湖莼菜汤是杭州一带有名的家常菜。春风水暖时，莼菜嫩芽从湖底长出水面，色泽碧绿，品质嫩滑，非常别致，故近临湖塘的村民，常取材烹制，最为普遍的做法有两种，一种是莼菜汤，另一种是莼菜烩菜，如莼菜烩鱼片、莼菜烩鸡片等。

营养知识
莼菜含丰富胶质蛋白、维生素和矿物质，能润肠通便，吸附体内毒素，是名副其实的"清道夫"，此外还有养肝护肝、预防中毒的食用功效。素红肠是具有类似肉类风味和组织结构的素食，通常以大豆蛋白、花生蛋白及小麦面筋等物质构成，因此其主要成分是植物蛋白。此类制品在烹制过程中，通常会使用较多的油和盐，然而这道菜的烹调方法避开了成菜后的多油多盐，使得菜肴既营养又健康。

菜肴特色：汤清澈，味清鲜，莼菜滑嫩。

家常菜

地耳炒蛋

原料调料
地耳 20 克，鸡蛋 5 只，香葱 50 克，黄酒 5 克，米醋 3 克，盐 2 克，蘑菇精 0.5 克，清油 20 克。

制作方法
1. 地耳用凉水泡软，放在擦板上反复擦洗干净（去净泥沙），待用。
2. 鸡蛋敲取蛋液，放点盐搅匀，香葱切末。
3. 锅烧热放入油，放入鸡蛋、香葱炒散，放入地耳烹入黄酒，加入盐、蘑菇精炒匀，出锅前，烹入米醋炒匀，即可装盘。

烹饪之道
地耳长在岩石上，夹有泥沙，必须洗净。烹醋作为增香，不应有酸味。

食材知识
地耳和木耳虽外形近似，但有本质区别，地耳是生长在地上或潮湿岩壁上的一种藻类，木耳是生长在树干或木头上的一种真菌。体现在口味上便是木耳炒蛋没有地耳炒蛋那股特有的香味。物以稀为贵，地耳稀有名贵，且原料处理过程费工费时，因而每一道地耳炒蛋都是匠心的体现，是野生原料为食材的生态好菜。

营养知识
地耳含丰富的蛋白质、维生素及铜、镁等矿物质，有补铁养血、降血压、滋养肝肾等作用。地耳还富含糖类和粗纤维，是健康饮食的上选佳品。

菜肴特色：地耳香气扑鼻，口味松软。

时令菜

　　"时令"即"四时节令"，是古时按季节制定有关农事的政令，是反映自然节律变化的特定节令，是指导应时耕作的重要依据。"时令菜"多指在自然条件下，野生和农耕的且按不同时节采收上市的新鲜蔬菜。它是田野生长的、绿色的、有机的生态食材。

　　我国的时令文化由来已久。战国前期的著名典籍《论语》中就有记录关于孔子"不时不食"的观点，元朝的营养专著《饮膳正要》中也阐述了"四时所宜"的道理，清代文学家袁枚在烹饪著作《随园食单》开篇的"须知单"中同样有"先时后时而见好，过时而不可吃"之解释。"萝卜过时腹中空，山笋落市味变苦，香椿逾时味微臭，蚕豆谢幕可作酥""春笋鲜甜谷雨前，六月七月当食苋。冬吃萝卜夏食姜，霜打菜叶糯香甜"。这些著作典籍和民谚俗语都客观地反映出"顺时而食、应季而食"的时令择食之理。

葱油拌双笋

原料调料
莴笋 400 克，春笋 400 克，盐 1.5 克，蘑菇精 1 克，葱油 2 克，花椒油 1 克，香油 2 克。

制作方法
1. 莴笋去叶去皮，洗净后，用瓦楞刀切成滚刀块，用少许盐拌匀莴笋块腌制使其变软。
2. 春笋去壳去根，放入凉水锅中煮开，取出入净水浸凉后，切成滚刀块，撒上少许盐使其有基本味。
3. 莴笋和春笋块放进容器中，调入蘑菇精、葱油、花椒油、香油拌匀装盘即可。

烹饪之道
腌制有其自然的时间过程，若腌制时间短促不能去除原料的生腥味，也不能使原料变软和入味。春笋要冷水下锅煮，可去除涩味。

菜肴品鉴
春笋和莴笋均是"报春"植物。和风细雨，春雷一声响，双笋拔地而起，"葱油双笋"是辞冬迎春的符号，是在同一时节的同一菜肴中呈现出的"春之双味"。

食材知识
莴笋有两个品种，上市早的是尖叶莴笋，尖叶莴笋色翠绿，质感硬脆；上市晚的是圆叶莴笋，圆叶莴笋淡绿色，质感嫩脆。前者色美味浓，后者色淡质嫩，应时食用，各有千秋。

营养知识
与春笋不同，莴笋虽名为"笋"，却是根茎类蔬菜。其含有大量的钾、铁及多种维生素，能有效扩张血管，对高血压和心脏病患者极为有益，同时又含有丰富膳食纤维，对人们养生起到积极的作用。

菜肴特色：素淡爽口，清香咸鲜，翠绿嫩白相伴，是春季下酒好菜。

炒红米苋

原料调料
红米苋 500 克，大蒜头 3 克，清油 20 克，盐 1.5 克，蘑菇精 1 克，粳米饭 100 克。

制作方法
1. 红米苋择去老茎洗净，大蒜头切成片。
2. 锅烧热放入油，投入蒜片，倒入米苋，大火快速煸炒，调入盐、蘑菇精，见米苋变软出汁后出锅装盘，一旁放上粳米饭，淋上少许米苋红汁，挑出蒜瓣摆成玉兰花状，放在盘边点缀。

烹饪之道
要使米苋好吃，除了时令入馔外，在烹调上须要用大火速炒至熟透。

食材知识
蔬菜品种繁多，适应其生长的条件（空气、温度、阳光和水分）都不一样，米苋也是如此。唯有春末夏初，在获得满足于它生长条件的时候，粗壮叶嫩的米苋方能成为餐桌上的宠儿。

营养知识
红米苋也叫红苋菜，其富含铁，可辅助治疗缺铁性贫血，它不含草酸，因而不会影响钙的吸收。红苋菜是深色蔬菜，它所含的维生素 C 及胡萝卜素能提高人体免疫力，还能维持血压稳定、通便利尿，是不可多得的功能型蔬菜。

菜肴特色：米苋的鲜红色，是餐桌上独有的艳丽色彩。艳红色能
　　　　够激发食欲，以米饭搭配佐食更是儿时的美好回忆。

慈姑烧胡萝卜

原料调料
慈姑 300 克，胡萝卜 100 克，白砂糖 5 克，生抽 4 克，黄豆酱适量，盐 1.2 克，蘑菇精 1 克，清油 4 克，香油 2 克。

制作方法
1. 慈姑刮洗干净，胡萝卜刨皮后，切成滚刀块。
2. 锅烧热，放入清油和白砂糖炒出糖色，加水固色后调入盐、白砂糖、黄豆酱和生抽，放入慈姑和胡萝卜，盖上锅盖焖 10 分钟。
3. 待慈姑酥松时，加入蘑菇精，勾上薄芡、滴上香油，即可出锅。

烹饪之道
炒糖色的锅必须洗干净，掌握火候也须得当，否则达不到橙红与亮丽的色泽。

原料知识
"慈姑"名在《名医别录》《本草纲目》等古籍中皆有记载。慈姑是水生植物，在水浅土粘的浅湖、浅塘、溪流处生长，江苏宝应的湿地环境最适宜种植，春种冬收，烧熟后粉酥干香，非常适合用来烧肉烧鸡，素食者用豆浆助味特别浓香。

营养知识
慈姑含丰富的淀粉、蛋白质、糖分、无机盐和大量的 B 族维生素，能增强人体免疫力，改善失眠多梦，对治疗痛风有一定的辅助作用。

菜肴特色：色泽橘黄，慈姑干香酥松，口味鲜中带咸。

咸菜爞毛笋

原料调料

毛笋 500 克，咸菜 100 克，盐、清油适量。

制作方法

1. 毛笋切成斜刀块，咸菜洗净切成段。
2. 用少量油把咸菜炒香，放入水、盐、笋，烧开后用小火爞 30 分钟，让其鲜味互相渗透。
3. 见笋的颜色由白变咸菜绿时，即可出锅装盆。

烹饪之道

爞的时间不能少于 30 分钟。盐是味的基础，故用盐的时机和量要把握精准，方能展现出
鲜味。

食材知识

这是一道浙江农家菜，做农家菜的关键是要抓住当地特色的原料与时令的产物，此菜的特色
原料是宁波咸菜与当地山上刚挖出的毛笋，自然的鲜味来源于此。

营养知识

小火慢烧称为"爞"，本菜采用此种烹调方法是有科学依据的。笋含有丰富的蛋白质，而蛋
白质在加热到 60℃ 以上时开始变性，即达到一种更易被分解的状态，但如果加热温度持续在
90℃ 以上，那么，大部分蛋白酶（有分解蛋白质作用）便会失去活性，使笋的蛋白质被水解
为氨基酸的比例下降，导致呈鲜不足。因此，采用"爞"的烹调方法，保证了菜肴在加热过
程中温度保持在爞的火候，将原料内蛋白质分解成氨基酸，呈现了足够的鲜味。

菜肴特色：竹林村夫土菜，不需费太多功夫，即烹制出天然合一的美味，美在味中，味在笋中。

葱油拌金瓜丝

原料调料
崇明金瓜 500 克，小香葱 50 克，虫草花 20 克，清油 15 克，盐 2 克，蘑菇精 1 克。

制作方法
1. 金瓜横面剖开，上笼蒸熟后放入纯净水里泡凉，掰开刮出金瓜丝，在净水中淘洗干净后，滤干水分。
2. 虫草花凉水泡软后煮熟晾凉。
3. 小香葱切成寸段，用热油爆香取出待用。
4. 将金瓜丝、虫草花放入大碗中，调入盐、蘑菇精、葱油拌匀即可装盘。

烹饪之道
选用金瓜的质地要老，出丝率才会高。金瓜蒸制的时间不宜太长，太长则过火，过火则不脆。

食材知识
金瓜是上海崇明岛的特色食材，也是瓜类原料中成熟后自然成丝的唯一品种。金瓜出丝，色泽杏黄光亮，形态均匀细长，质感脆嫩爽口，是稀有而独特的时令瓜果。

营养知识
本菜是凉拌佳品。其中虫草花具有止咳平喘、滋阴润燥之用。虫草花富含蛋白质、多糖类物质和维生素，属于高密度营养食材，平日还可将虫草花研粉与米粥同熬，经常食用对身心健康大有裨益。

菜肴特色：色泽金黄鲜艳，口感脆嫩爽口。

白砂糖拌番茄苦瓜

原料调料
番茄 500 克，苦瓜 400 克，盐 5 克，绵砂糖 75 克。

制作方法
1. 番茄放在开水中烫一下，捞出置入凉水中撕去皮。
2. 苦瓜洗净后用刨子刨成薄薄的长片，净水中放入盐，将刨好的苦瓜放入泡腌半小时。
3. 番茄切成厚片放在盘子的中间，苦瓜捞出滤干水分，卷成蛋卷状，放在盘子两边，最后撒上绵白砂糖即成。

烹饪之道
此菜适宜夏季食用，选购初夏大田种植的肉厚粒少的大个新鲜番茄为佳，不仅口感好且肉质起沙。

食材知识
白砂糖拌番茄苦瓜是我国大江南北最通俗的家常菜肴，常言道：最简单的吃法是最能体现原料美味的方法。大棚里培育的番茄滋味欠佳，唯有时令季节在田野中自然成熟的番茄方能吃出沙沙的甜中带酸的自然本味。

营养知识
苦瓜富含维生素 C 和叶酸，属高钾低钠食品，有健脾利尿、清热解毒等作用。苦瓜和番茄皆属夏季时令食材，可根据个人喜好调整糖的用量。

菜肴特色：鲜红翠绿相映，甜酸甜苦对比，制作简单，彰显
原味。

田园夏四宝

原料调料

冬瓜 200 克，茄子 150 克，丝瓜 200 克，番茄 75 克，毛豆仁 75 克，黄豆酱 15 克，盐 1 克，蘑菇精 0.5 克，清油 5 克。

制作方法

1. 冬瓜去皮切成块，入冷水焯水后捞出，茄子洗后切成滚刀块，丝瓜刨去皮切成滚刀块，番茄烫水撕去皮切成厚片状。
2. 锅烧热放入油，毛豆仁先下锅煸炒，再放入丝瓜、茄子、冬瓜，然后加入黄豆酱、盐、水、蘑菇精，盖上锅盖烧三分钟，出锅前放入番茄片，翻炒片刻，即可出锅装盘。

烹饪之道

番茄不能烧烂，否则失形失味。

食材知识

田园是农村生活的一个重要场景，同一时节会有多种蔬菜应市。农夫居馔有时一料多菜，有时也会为了变换口味，将多种蔬菜一锅烧制。由此可见，田园四宝便是夏季果蔬菜的"一锅端""小杂烩"了。

营养知识

此菜选用瓜茄类时蔬一锅炖烧，虽制作简单，但营养成分丰富多样。

菜肴特色：时令蔬菜，一锅烧制，味感多样，别具一格。

上汤白米苋

原料调料

白米苋 350 克，素鲜汤 200 克，松花蛋 1 只，盐 2 克，蘑菇精 1 克，清油 10 克。

制作方法

1. 白米苋洗净后滤干水分，松花蛋去壳后切成指甲盖大小的块，待用。
2. 将素鲜汤倒入锅里，加入盐、蘑菇精和油，用大火烧开，将白米苋放入滚开的素鲜汤里烫熟，捞出放入深盘中，再将汤盛入盘里即可。

烹饪之道

如果锅小或火弱，则白米苋需要分两次下锅烫熟。

食材知识

米苋分为红叶苋与青叶苋。在上海，人们把青叶苋称为白米苋。红叶苋汤汁鲜红色艳，深受儿童喜欢。青叶苋更软糯，折去老梗，取其嫩茎叶，适用于开水烫熟的烹调方法，广东菜中上汤的做法考究，少油清淡，更适合夏日食用。

营养知识

苋菜中含有草酸，同时摄入草酸和钙会在体内形成草酸钙，不仅会影响人体对钙、锌等矿物质的吸收，而且还可能增加结石的风险，因此苋菜在与含钙食材一同烹调前，须要用沸水快速焯水，以减少草酸对钙、锌等矿物质的作用，同时保证其鲜嫩。

菜肴特色：米苋碧绿，软嫩清爽。

春笋炒蒜苗

原料调料
春笋 150 克，蒜苗 250 克，老抽 3 克，生抽 5 克，白砂糖 3 克，清油 5 克，香油 3 克，蘑菇精 1 克。

制作方法
1. 春笋削去根部，剥去壳，切成长滚刀斜块；蒜苗摘去茎尖与老根，将嫩茎折成 6 ～ 7 厘米的段，洗净并沥干水分。
2. 锅里放入油，先将春笋块和蒜苗段一同下锅煸透，再加入老抽、生抽、白砂糖、蘑菇精和适量的水，盖上锅盖用中火焖 2 ～ 3 分钟，待汤汁收紧，滴上香油翻匀，出锅装盘即可。

烹饪之道
春笋和蒜苗用油煸透，方能入味。

知识链接
春笋有鲜嫩脆爽的特性，蒜苗是芳香软糯的食材，两者都适合使用复合浓味的烹调方法烹制，二性合一使此菜具备了更丰富的味觉质感层次，它们俩都是深受美食者喜爱的春季时令宠儿。（在上海，蒜薹被人们称为蒜苗，就像包子被叫作馒头一样。）

营养知识
蒜苗是大蒜生出的嫩芽，富含铜离子。蒜苗中的纤维质纤维素可缓解便秘，增强免疫力，但蒜苗属四气五味中的"辛"类食物，不可过多使用，以防出现口鼻生疮等症状。

菜肴特色：蒜苗香糯，春笋咸鲜脆嫩。

麻酱拌花茄

原料调料

花茄子（两根）500克，花生酱25克，盐1克，白砂糖5克，生抽2克，蘑菇精1克，熟花生碎粒15克，麻油3克。

制作方法

1. 一根花茄子切成条，另一根花茄子切成两片后取出茄肉并切成条（外皮须保持完整）；切成条的茄子，放入蒸笼蒸熟取出。
2. 碗中放入花生酱，加入少量开水、盐、生抽、白砂糖、蘑菇精调匀，再放入麻油调和成麻酱料。
3. 将茄条摆放在盘里，撒上花生碎粒，浇上麻酱料，再将两片花茄皮烫水后，放在盘的两边即成。

烹饪之道

麻酱味须调制适口，花茄皮不能烫太久，否则茄皮会变黑。

食材知识

茄子按外表色彩可分为青茄、紫茄、白茄及花茄，尤其是花茄，皮色好看、紫白纹理，琉璃自然，不仅茄肉做菜毫不逊色于其他品种，而且茄皮的色彩能使其在餐桌上呈现亮点。

营养知识

花茄富含大量的维生素D，人体吸收后可提升血管韧性与弹性，对人体血管有明显保护作用，此外花茄内含的龙葵碱、水苏碱以及胆碱，都是抗癌物质，能提高人体防癌抗癌的能力。

菜肴特色：色型美观大方，茄子软糯可口，麻酱香味浓郁。

凉拌菜瓜

原料调料
花皮短菜瓜 500 克，红黄菜椒各 20 克，盐、柠檬汁、葱油各少许。

制作方法
1. 菜瓜洗净，刨去皮，掏去瓤，切成指甲盖大小的丁；红椒、黄椒切成丁待用。
2. 菜瓜丁和红黄椒丁用盐、柠檬汁腌半小时，取出后滴上葱油拌匀即可。

烹饪之道
菜瓜有两种，一种是长形的，另一种是花皮短形的，短形的适用于凉拌。菜瓜水分充足，切小了水分易流失，故切丁最为适宜。

食材知识
菜瓜在江南农村地区都有种植，盛产于立夏至中秋时节，此时的菜瓜最为脆嫩爽口。江苏句容的菜瓜品质最好，长大时皮薄肉嫩，长老时内壁泛黄、水分充足，充溢着甜味，当地人常将菜瓜当作水果食用。由于菜瓜的特有品质，冷拌入菜更是味美绝伦。

营养知识
菜瓜清香爽口，是很好的消暑蔬菜，其富含钙、铁、磷等矿物质和维生素 A 原、B 族维生素和维生素 C 等，非常适合凉拌生食。但胃疼、胃寒、腹泻便溏等脾胃气虚患者须慎食。

菜肴特色：淡淡咸味，微微酸甜，肉质松脆，爽口多汁。

糖醋嫩藕

原料调料

藕嫩头（藕顶端一节）300 克，话梅 5 粒，白砂糖、白醋、盐适量，泡椒丝少许。

制作方法

1. 莲藕刨去皮，切成薄片，开水烫一下即刻捞出。
2. 藕片放碗里，加入白砂糖、盐、白醋、话梅，腌渍 4 ～ 5 小时，待入味即可。
3. 装盆时撒上几根泡椒丝，更具风味。

烹饪之道

糖和醋的搭配要平衡，咸度适口。嫩藕快速飞水，既为稳定色泽，也为保证在配制时翻拌也不易碎。

知识链接

上海位于长江冲积平原，这里江河四处贯通，河塘星罗棋布，洼地随处可见，种植莲藕不乏其人。莲藕品质嫩白脆爽，特别是初秋时节，藕未长老，取其尖头一段，用话梅腌制更具特色。

营养知识

嫩藕可生食，有消瘀清热、除烦、化痰、止血等多重食疗功效，而若将其熟制食用，则不具前述功能，但可以健脾开胃，补益五脏。

菜肴特色：色彩嫩白，甜酸开胃，脆嫩爽口。

炒田林塘三宝

原料调料

嫩菱 350 克，白果 250 克，百合 250 克，红椒片 25 克，盐 3 克，葱油 5 克，清油 20 克，素鲜汤、生粉适量。

制作方法

1. 嫩菱剥去外皮，泡在水中；百合剥去外衣掰成单瓣，泡在水中；白果水中煮熟，剥去壳，搓去衣。
2. 把菱肉和百合放入开水里烫一下，再同白果、红椒片一起放入锅中用清油略炒，随即加入素鲜汤和盐，烧开后用水调生粉勾芡，淋上葱油出锅装盆。

烹饪之道

白果与百合要烧熟，不然食后会中毒，嫩菱可生食充当水果。要清油，要清淡，吃原料自然的本味。

知识链接

太湖东侧的西山地区，依山傍水，每当秋风吹起时，银杏树便换上秋装。当漫山的银杏果成熟之际，也正是湖塘里的菱角脆嫩清甜之时，刚刚从田野间收获的百合嫩白甘甜、略带微苦。太湖周边的食客们常常将田里的百合、林中的白果、塘里的菱角三合为一做成菜肴，这三种晚秋时令食材做成的佳肴甚美甚妙，被誉为"田林塘三宝"。

营养知识

"菱"含有多种氨基酸及矿物质，能清热解酒利尿，还能配合外用药物治疗多种皮肤病；白果杀菌止咳，调节心血管系统；百合宁心安神、润燥美容。三者结合成菜谓之"三宝"名副其实。

菜肴特色：三宝形态各异，各显口味特色，成菜脆嫩软糯，微苦清甜，凸显田林塘风味。

时令菜

蛋皮百叶拌青蒜

原料调料
当地品种野外生长的青蒜 300 克，薄百叶 1 张，鸡蛋 2 只，盐 3 克，麻油 5 克，蘑菇精 1 克。

制作方法
1. 百叶切丝，开水泡软，待用。
2. 鸡蛋打散，摊成蛋皮，切成丝，待用。
3. 青蒜茎部批开，切成寸段，开水烫熟取出。
4. 把三种原料放在一起，调入盐、麻油和少量蘑菇精，拌匀即可。

烹饪之道
青蒜不要开水烫过火，否则不脆不香，但也不能欠火候，否则生辣。拌制时可放少量生抽，味道更好些。

食材知识
"青蒜"是上海地区的人们在秋冬季经常食用的蔬菜，因其芳香独特而受到食客们的欢迎，其中较有特色的菜是蛋皮百叶拌青蒜。深秋的青蒜最香嫩，春天长蒜苗，即蒜薹，此时青蒜便不宜食用了。每年深秋到初春之间，自然生长的青蒜品质最佳，因为大蒜是春末长蒜头，夏天休眠期，初秋种植长叶，深秋至初春是生长期，也是最佳食用期。

营养知识
青蒜富含胡萝卜素、核黄素、硫胺素等多种维生素，还有增进食欲的辣素。总体功能包括开胃杀菌，预防流感和改善心脑血管等。这道菜有蔬菜，有豆制品，又有鸡蛋，不仅可口好吃，营养配置也非常合理。

菜肴特色：色彩黄、白、绿分明，青蒜脆爽芳香，蛋皮、百叶松软味美，是一道操作简易、深受欢迎的时令特色菜。

蚝油焗蒜珠

原料调料
新蒜 250 克，独头黑蒜 4 只（25 克左右），糖醋蒜 25 克，蚝油 15 克，老抽 1 克，冰糖 5 克，葱油 5 克。

制作方法
1. 新蒜、黑蒜、糖醋蒜分别剥去皮后，单独放置在容器内待用。
2. 锅烧热，先放入葱油将蚝油炒香，再加入水、老抽、冰糖、新蒜头，烧开后转小火焖 20 分钟，见蒜头酥糯时用大火收紧汁水，淋上葱油成蚝油蒜珠。
3. 独头黑蒜切成两片摆放在盘子外围，间隔处放上糖醋蒜瓣，中间堆放蚝油蒜珠，最后淋上收紧的浓汁即成。

食材知识
根据地域及气候的不同，新蒜一般在每年 5 月中下旬（小满前后）上市，当蒜薹收割后 20 天左右，大蒜叶片发黄时，就可以收获了。新蒜有红皮与白皮之分，白皮新蒜含汁水较多，中度辛辣，生食爽脆；红皮新蒜辛辣味重，蒜味也更加浓郁。

知识链接
在以往的菜肴烹饪中，蒜头大都用作调味佐料或是开胃小菜，其实，经过精心烹制后的蒜头也能充当正菜，并能在一席菜肴中达到出其不意的效果。

营养知识
大蒜有杀菌排寒、促进肠胃健康的食疗作用，并有调节口味、增进食欲的功效。

菜肴特色：三蒜各有其味，尤其是蚝油蒜珠，鲜香酥糯，别具
风味。

时令菜

农家菜

农家菜是农村人家以传统方法养殖、种植及采挖当地自然生长的食材为原料烹制而成的菜肴菜式。

农家菜绿色天然、质纯味正、简单粗犷、朴实无华，给人以一种返璞归真之感。农家人生活在田园、山间、河流边，大都"靠山吃山、靠水吃水"、自耕自种、自给自足，通常是有什么吃什么，新鲜的原料随手可得、现取现烹。柴火土灶上的烹饪技法更是世代相传，柴板、花秸秆、麦秆等生物燃料和土灶炉膛均匀的传热特点构成了土灶独特的烹饪优势。大火煸炒受热均匀、断生保水、一蹴而就，如炒韭菜、生煸草头；小火煨焐传热稳定、封于炉膛、固味锁香，又如煨笋干、焐黄豆等；竹箅架锅饭菜同制，热气徐徐，缓蒸慢焐，如炖蛋、饭焐茄子等。柴火土灶的烹调虽算不上高明，但也有某些烹饪技法让人不得不佩服。

自然生长的食材，不浮不躁的做法，简朴纯真的烹调，软糯干酥的质感，甜咸酸爽的味觉，充满乡土气息的菜肴，这些农家菜的特点与风味确是其他类别和帮别的佳肴所无法比拟的。

熟腌萝卜干

原料调料
本地胡萝卜（红心、黄心均可）600克，熟芝麻25克，盐适量，花椒粉、白酒少许。

制作方法
1. 胡萝卜洗净，刨去皮，切成条，用盐、白酒腌软去味。
2. 胡萝卜放在蒸笼里蒸熟（不能蒸酥），取出晾冷，撒上芝麻、花椒粉拌匀。
3. 胡萝卜放在竹竿上摊开，放在太阳下晾晒，利用自然寒风将胡萝卜吹干，即可食用。

烹饪之道
胡萝卜不能蒸得太熟，太烂则韧劲差。只能在冬天的腊月里做，不然胡萝卜易产生黏液而变质。

知识链接
"冬天的萝卜赛人参"指的是白萝卜，霜打过的白萝卜怎么烧都很好吃。可是胡萝卜比白萝卜更有营养，红红的色，甜甜的味，质软并含有丰富的胡萝卜素，有保护视力、增强免疫力的功效。这种熟腌萝卜干在上海和江苏民间常被用来当作过稀饭的小菜。腌萝卜干一般有两种方法，一种是生腌，另一种是熟腌，生腌的萝卜成品后是脆的，熟腌的则软，口味俱佳。

营养知识
富有民间特色的胡萝卜干风味别致，含有丰富的核黄素和叶酸，对保护视力、抗衰老和提升免疫力均有益处。

菜肴特色：色彩暗红，吃口软韧，咸中带甜，口味别致。

老黄瓜豆瓣汤

原料调料
老黄瓜 200 克，豆瓣 75 克，木耳 5 克，新咸菜 25 克，番茄 1 只，土豆 50 克，盐 1 克，蘑菇精 1 克，清油 3 克，胡椒粉 0.2 克。

制作方法
1. 木耳泡发，新咸菜取茎，清洗后，切成小段，老黄瓜、土豆刨去皮，番茄烫水后撕去外衣，一同切成小块。
2. 将除番茄以外的所有原料放入锅里，加入清水烧开，再用小火烧 10 分钟，最后放入番茄块，加入盐、蘑菇精、胡椒粉，滴上清油，即可出锅装碗。

烹饪之道
如不用新咸菜，用扁尖笋也很鲜美。

营养知识
蚕豆是高蛋白食物，且高钾、高铁、高锌、低钠，是可经常食用的"绿灯"食物，再配上老黄瓜、番茄等富含维生素的食材，构成了营养素分布平衡的健康佳品。

菜肴特色：初夏之物产，时令而味鲜。

白豆角烧土豆

原料调料

土豆 200 克，白豆角 250 克，盐 1 克，老抽 2 克，生抽 2 克，蘑菇精 1 克，清油 5 克。

制作方法

1. 土豆刨去皮，切成条形；白豆角撕去老筋，切成寸段。
2. 锅烧热放入油，先放入白豆角煸炒，再放入土豆，调入盐、老抽、生抽，加水盖上锅盖烧 6 ～ 7 分钟，待土豆烧酥汤汁收紧，最后放入蘑菇精，滴上少许油，出锅装盘。

烹饪之道

白豆角又名不老豆，看似饱满偏老，实则质嫩，一烧就酥，品质好。

菜肴品鉴

白豆角是东北的优良豆角品种，与油豆角、花豆角同属一类。白豆角烧土豆是东北家常菜，不花哨不修饰不张扬，很嫩很酥很实在，也很有北京菜特点的农家味道，朴实而又浓郁嫩香。

营养知识

白豆角含丰富的膳食纤维、维生素 B1、蛋白质、软磷脂等，有助消化、消水肿、提升免疫力的功效。

菜肴特色：土豆酥，豆角嫩，一锅烧二菜，居家很实用。

番茄烧豆腐

原料调料
嫩豆腐 1 盒，圣女果 75 克，番茄 75 克，清油 20 克，盐 1.5 克，蘑菇精 1 克，葱油 5 克，生粉 3 克，白砂糖 2 克。

制作方法
1. 嫩豆腐切成丁，放入锅中焯水；圣女果、番茄放入开水锅中烫一下捞出，撕去表皮，将番茄切成小丁待用。
2. 锅烧热放入清油和番茄丁，炒出红油后放入豆腐、少许水、盐、蘑菇精、白砂糖和圣女果，盖上锅盖烧两分钟左右，最后用水调生粉勾芡，滴上葱油装盘即可。

烹饪之道
烧时要盖上锅盖，方能使豆腐入味。

知识链接
豆腐的做法有很多，制成的名菜佳肴也不在少数。但作为厨师都知道，豆腐在烹制时与酸味互不相容的道理。虽然圣女果呈酸甜味，但与豆腐结合却能使其性质和滋味融合，使得菜肴风味独特，因而，番茄烧豆腐成为一道多料组合既好吃又好看的新颖美食。

营养知识
圣女果与番茄相似，既是蔬菜又是水果，它除了含番茄所含有的营养成分之外，维生素的含量要高于番茄，经常食用具有降脂降压、健胃消食的功效。

菜肴特色：色泽鲜红光亮，豆腐滑嫩鲜咸略带酸甜，营养搭配合理，老幼皆宜。

农家菜

雪笋烧老豆腐

原料调料
雪菜 75 克，竹笋 100 克，老豆腐 350 克，老抽 2 克，生抽 5 克，清油 20 克，蘑菇精 1 克，葱段 3 克，白砂糖 2 克，香油 3 克。

制作方法
1. 雪菜洗净后挤干水分，切去根叶取嫩茎并切成末；竹笋削去根剥去壳，切成滚刀片；老豆腐掰成骨牌大小的块状。
2. 锅烧热加入清油，先将豆腐块放入锅中煎至两面发黄，再放入雪菜末和葱段炒香，然后加入老抽、生抽、白砂糖和适量的水，盖上锅盖焖 5 分钟左右，最后调入蘑菇精，滴上香油翻匀，即可出锅装盘。

烹饪之道
豆腐两面煎匀能增加菜肴的香味，盖上锅盖焖烧能使豆腐入味。

知识链接
味的互补是调味方法的基本原则，豆腐淡而无味，咸菜咸得发苦，互为组合使豆腐滋滋有味。烧菜需要基本功，烧好菜也少不了烧菜的知识与成功的经验，成功经验来源于好学和熟能生巧。

营养知识
雪菜也叫雪里蕻，是一种营养较丰富的腌渍蔬菜，其富含钾、铁离子，对改善心血管的功能及缺铁性贫血有着积极的作用。

菜肴特色：色淡红，味咸鲜，豆腐酥软入味。

菜干菌菇烧百叶

原料调料

菜干 150 克，菌菇 25 克，薄百叶 3 张，老抽 1 克，豆油 10 克，白砂糖 5 克，蘑菇精 2 克，麻油 2 克，葱 100 克。

制作方法

1. 菜干洗净后浸泡 2 ~ 3 小时，菌菇洗后泡发并切碎，百叶切成条状焯一下水待用，葱切成段。
2. 豆油倒入锅里烧热后放入葱段炸香，随即放入菜干、菌菇，浇入适量的泡菜干的原汤，烧开后用小火焖一小时。
3. 待菜干熟软后将百叶放入锅中，调入老抽、白砂糖、蘑菇精再焖 20 分钟左右，最后出锅前滴上麻油即可装盘。

烹饪之道

菜干一般是自然晾晒，含有泥沙，须浸泡并洗净。

知识链接

菜干菌菇烧百叶是 20 世纪计划经济时期江南农家过冬时餐桌上的必备菜。那时物资匮乏，而且冬季的蔬菜产量也会大大减少，因此，农家在春夏盛产季节将蔬菜干制，待到寒冬时作为副食品的补充。

菜肴特色：色褐红，干香松软，返璞归真，原汁原味。

农家菜

酱萝卜

原料调料

白萝卜 750 克，盐 5 克，黄豆酱 15 克，白砂糖 10 克，老抽 4 克，生抽 4 克，香油 3 克，花椒粒 1 克。

制作方法

1. 白萝卜洗净，切成条，用盐腌 3 ～ 5 个小时后，挤干水分放入罐内。
2. 罐内放入白砂糖、黄豆酱、生抽、老抽、花椒拌匀并压紧压实，密封腌制 5 ～ 6 小时。
3. 装盘前滴点香油即成。

知识链接

盐腌时，盐的使用要适量，腌的时间要充足，不然萝卜的辛辣味不能去除。腌好后用流水漂去多余的咸味，然后滤干水分放入酱料。考究点可以用萝卜皮腌，装盘时拼成牡丹花状，以彰显品质。

营养知识

酱萝卜属腌酱类食品，此处用黄豆酱代替面酱制作则别具风味。它不仅是一款很好的开胃菜，而且还有消食去腻清肠的作用。虽然酱萝卜是富含矿物质的实物，但制作工艺仍属高钠腌渍，要适量食用。

菜肴特色：萝卜酱红，脆嫩爽口，咸中带甜。

豆酱烧萝卜

原料调料
白萝卜 500 克，青蒜 50 克，黄豆酱 30 克，白砂糖 3 克，生抽 4 克，老抽 2 克，清油 5 克，香油 2 克，葱花 2 克，生粉 2 克。

制作方法
1. 白萝卜洗净切成滚刀块，放在冷水锅里焯水后捞出；青蒜剖开切成斜段。
2. 锅烧热放入清油、葱花、黄豆酱炒香，再加入水、生抽、老抽、糖，盖上锅盖用小火烧 10 分钟，最后用水调生粉勾薄芡，滴上香油即可出锅装盘。

烹饪之道
萝卜焯水能去除异味。用小火烧烹更易酥烂入味。

知识链接
古人言："冬吃萝卜夏吃姜，不用医生开药方。"冬天的萝卜不仅甜糯，食用还有利健康。时令是最基本的绿色生态概念，冬天的萝卜用黄豆酱烧制成菜非常鲜香，反季节的萝卜烧不出这种大自然的味道。

营养知识
豆浆是黄豆制品，萝卜属于新鲜根茎类蔬菜，我国的膳食指南建议多吃"果蔬奶豆"，并不是专指叶菜类和大豆类本身，在生活实践中，同类品种间互换或是使用再制品也是完全符合膳食理念的，这样就更能便于菜肴口味和形式的丰富多样，本菜就是个很好的例子。

菜肴特色：酱红色亮，萝卜酥软，咸鲜可口。

农家菜

曝腌咸菜炒毛豆

原料调料
小青菜 500 克，毛豆肉 100 克，红椒 1 只，盐、香油、豆油、大蒜头适量。

制作方法
1. 鲜嫩青菜晾软，用盐腌擦，至质软变深绿色，并有菜汁流出。
2. 隔天将菜取出，洗净切碎，红椒切成粒，大蒜头拍碎。
3. 锅中放入豆油，将毛豆放入炒熟，再放入曝腌咸菜，并加入调味，急火快速翻炒，炒出香味后滴上麻油，即可出锅装盆。

烹饪之道
腌渍时，蔬菜要鲜嫩，盐要适量，多则太咸，少则腌不好、腌不透。毛豆一定要先炒熟，否则不可食用。

菜名解释
"曝腌"是农家人对蔬菜烹制前常用的加工处理方法，即初晒—腌制—清洗—炒制。曝腌能使蔬菜更入味，从而形成另一种滋味，达到不一样的爽嫩质感。

菜肴特色：色翠绿，嫩爽入味，是下粥、下饭的一款节令农家菜。

农家菜

韭菜炒百叶

原料调料
韭菜 300 克，百叶 75 克，盐 1.2 克，蘑菇精 0.5 克，清油 15 克。

制作方法
1. 韭菜洗净沥干后，切成寸段，百叶切成粗丝，放入冷水锅中焯水，水烧开后捞出沥干水分待用。
2. 锅中放清油烧热，放入韭菜，撒入盐后旺火热油快速煸炒，出锅前加入蘑菇精翻匀即可。

烹饪之道
快炒速成的蔬菜，尤其是韭菜的烹制必须用旺火热油。只有这样，才能使原料的香味、油锅的锅气呈现出来。炒韭菜的火候要掌控在刚刚断生时，此时才能产生滋滋甜味，欠火则生辣，过火则失香。

知识链接
芳香型的蔬菜一般都有益健康，韭菜更是如此，它有增强食欲、促进消化、温补阳气、壮阳活血之功效。

营养知识
春天生长的韭菜也属于"辛"菜的范畴，其纤维素的含量比大葱和芹菜要高，经常食用不但可以促进肠道蠕动，同时又能降低胆固醇的吸收，预防动脉硬化和冠心病等疾病。此外，韭菜中含有的硫化物还能帮助人体有效地吸收各类维生素，但是硫化物遇热易挥发，烹调韭菜时需急火快炒起锅，稍微加热过火，便会失去韭菜风味。初春时节的韭菜品质最佳，有"春食则香，夏食则臭"之说。

菜肴特色：韭菜断生出锅，质感脆嫩，爽口鲜香。

厚百叶炒白芹

原料调料
白芹 300 克，厚百叶 100 克，盐 1.2 克，蘑菇精 1 克，清油 10 克。

制作方法
1. 白芹洗净切成段，厚百叶切成丝，开水里烫熟捞出。
2. 锅中放清油烧热，放入白芹大火快速翻炒，撒入百叶丝，调入盐、蘑菇精，炒熟出锅装盘。

烹饪之道
旺火热油快速煸炒至成熟，才能使锅气的香味得以显现。

食材知识
芹菜有水生与旱生两类，水生的品种有白芹与绿秆水芹，旱生的品种有黄芹、香芹、西芹。水芹含水量高，较嫩；旱芹味浓香，纤维紧密。芹菜有消肿利尿、平肝降压的功效，所以不仅味美而且具有保健的作用。

营养知识
水芹有平肝降压和防癌抗癌的功效，但因其为寒凉食物，过多食用会对肠胃造成负担。

菜肴特色：白芹脆嫩，百叶松软，咸鲜素淡而有清香。

农家菜

生拌青茄子

原料调料
青茄子 400 克，熟芝麻 10 克，生抽、老抽、盐、糖、麻油适量。

制作方法
1. 茄子洗净，刨去皮，切成丝，用盐腌 1 小时。
2. 腌好的茄子用净水冲洗后，挤去点水分，放在碗里，加入生抽、老抽、熟芝麻、盐、糖、麻油，拌匀即可。

烹饪之道
茄子要新鲜，要切得均匀，要腌透。腌好后冲洗，减轻咸味，茄丝也会更爽嫩。

食材知识
茄子的品种众多，论色有白茄、黑茄、紫茄、青茄、花茄，论形有条茄、球茄、饼茄、乳头茄。每种茄子品质虽大致相似，但也各有差异，生拌茄子要数上海崇明的青茄子最好用，它具有皮薄肉嫩、籽少形端正的特点。

营养知识
不同茄子品种的皮有着多种不同的颜色，青茄子是绿皮品种，食用后具有保肝解毒、延缓衰老等功效，值得一提的是，青茄子还具有保护血管、清热活血的作用，非常适合邪热烦躁人士食用，然而脾胃虚寒者不宜生食，建议炒熟后食用。

菜肴特色：清爽软嫩，别有风味。

农家三松

原料调料

土豆 200 克，雪菜 200 克，豆腐衣 50 克，年糕片若干，椒盐 1 克，五香粉 0.4 克，细盐 1 克，糖粉 2 克，蘑菇精 1.5 克，清油 400 克（实耗 30 克）。

制作方法

1. 土豆刨去皮再切成细丝，水里冲洗后滤干水分，雪菜泡淡取茎，撕成细丝，焯水后，切成两段并挤干水分，豆腐衣卷拢切成细丝；待用。
2. 清油烧热，放入豆腐衣炸松捞出，撒上五香粉、细盐和蘑菇精拌匀。
3. 清油烧热，放入土豆丝，炸成土豆松捞出，撒上椒盐拌匀。
4. 清油烧热，放入雪菜炸松捞出，撒上糖粉、蘑菇精。
5. 清油烧热，放入年糕片炸泡捞出，年糕片放入竹制盛器内，三松堆放在年糕片上即成。

烹饪之道

工艺精巧，专业性强，操作有难度。

菜品评鉴

农家三松既有民间家常菜的色彩，又有饭店宴会菜的精致。闲嘴零食、珍肴佳馔汇于一菜，通俗中品味别致，别致中体现非凡。

营养知识

含淀粉和蛋白质丰富的食物，经油炸后会产生特殊的诱人风味，还能提振食欲，但操作时，需要注意控制油温和时间，避免炸焦炸过火，否则易产生致癌物质。

菜肴特色：松脆酥香，各有其味。

农家菜

酸豆角拌土豆

原料调料
土豆 400 克，杂菜（青豆、胡萝卜丁、玉米粒）100 克，酸豆角 75 克，盐 0.3 克，蘑菇精 0.2 克，花椒油 1 克，葱油 3 克。

制作方法
1. 土豆刨去皮，切成细丁，取酸豆角 35 克切成末，待用。
2. 锅中加水烧开，放入土豆丁、杂菜煮熟，捞出用净水浸凉后滤干水分放在碗里。
3. 碗中依次加入酸豆角末、盐、蘑菇精、葱油、花椒油拌匀，即可装盘，在盘边放上余下的 40 克酸豆角丁即成。

烹饪之道
土豆须烫熟，但不能烫过头，否则形不整且不爽口。酸豆角也可以用料理机打成茸状拌制使用。

知识链接
泡腌的技法是贵州饮食中特有的一种文化现象，根茎类、荚豆类、球叶类等蔬菜都能泡腌成菜，原料在坛中发酵后产生特有的酸鲜味，除了能当作开胃小菜，还是特殊的调味品，如各种豆豉、泡椒、酸豇豆等。

营养知识
酸豆角含蛋白质、维生素 B 族和纤维素，对降脂减脂和提升免疫力有一定的作用，但是，食用前一定要烧熟煮透，以免引起头晕、恶心、呕吐等症状。

菜肴特色：色彩协调美观，土豆玉白爽口，咸鲜带微酸。

酒酿白扁豆

原料调料

白扁豆150克，酒酿250克，盐1克，白酒5克，山楂丝3克，蘑菇精1克。

制作方法

1. 白扁豆放入冷水中浸泡8小时，捞出放入砂锅中加水烧开，转小火焖两小时，至酥烂时，调入盐、白酒和少量的蘑菇精后，关火冷却。
2. 白扁豆捞出沥去水分，与酒酿拌匀后装盘，撒上山楂丝即可。

烹饪之道

白扁豆要烧酥，酒酿发酵不能过头，过头则发酸。

菜肴品鉴

酒酿白扁豆是目前沪上流行的一款新潮冷菜，酥软的白扁豆里渗透着酒酿的滋滋甜香，这种味型在常规的冷菜中未曾出现过，以独特口味得到食客们的赞赏。

营养知识

酒酿含有机酸、多种矿物质、维生素和氨基酸，有增进食欲、美容养颜的功效。

菜肴特色：色洁白，质酥软，咸中带甜，酒香浓郁。

农家菜

地瓜拌苹果丝

原料调料
地瓜 300 克，苹果 300 克，白醋 20 克，盐 1.5 克，白砂糖 20 克。

制作方法
1. 地瓜削去皮，切成丝，用盐、糖、白醋腌一下。
2. 苹果刨皮，掏去核后，切成丝。
3. 把腌好的地瓜丝与苹果丝放在一起拌匀即可。

烹饪之道
为了保证爽脆的口感，应选用脆性苹果。糖的用量不能太重，否则苹果也会吐水。也可用点
山楂片切成丝拌在一起，口感会更好。

食材知识
苹果的品种很多，做此菜推荐选用青蕉苹果，青蕉苹果香味浓、脆嫩爽口，里面再放上点用
山楂片切成的丝，滋味则更多样。

营养知识
地瓜与苹果均富含维生素 C，一甜一酸的味型非常适合生食凉拌，既符合菜肴烹制"清配清"
的原则，又符合"果蔬搭配"多吃果蔬奶豆的膳食要求。

菜肴特色：质脆爽口，味小甜酸。

农家菜

拌红皮土豆

原料调料
红皮土豆 500 克，香菜 75 克，香葱 25 克，胡椒粉、盐、花生油、麻油少许。

制作方法
1. 土豆洗净切块蒸酥，剥去皮弄碎。
2. 香葱、香菜切成段，分开放置。
3. 花生油、麻油放在锅里烧热，放入葱段并立即倒入土豆里，再撒上香菜、胡椒粉、盐，拌匀即可装盆。

烹饪之道
这道菜怎样使调味精确、适口美味是重点。

食材知识
土豆一般有三个品种，分别是红皮黄心、黄皮黄心、黄皮白心，其中红皮黄心土豆吃口比较香浓。

营养知识
与一般的土豆相比，红皮黄心土豆富含多种微量元素。尤其是其中大量的花青素，具有抗氧化防衰老、美容养颜、护心降压等功效。建议烤熟带皮食用，使各类营养成分最大程度地保全。

菜肴特色：出品较简洁、粗犷，土气十足，松软适口，香味浓郁。

熟拌豌豆苗

原料调料

豌豆苗 200 克，胡萝卜 30 克，金针菇 100 克，花椒油 2 克，葱油 2 克，盐 1 克，蘑菇精 1 克。

制作方法

1. 胡萝卜削去皮，切成细丝，金针菇剪去根部，与豌豆苗分别洗净。

2. 锅中加水烧开，将原料分别烫至断生时，捞出沥干水分。

3. 将烫熟的原料放入干净的容器中，加入盐、蘑菇精、花椒油、葱油拌匀后，装盘即可。

食材知识

豌豆苗是大棚盆栽植物，形如针状，并非如田野豆苗般粗壮，质地口感也不一样。豌豆苗这一食材赋了了菜肴鲜明的特色。

营养知识

豌豆苗含有胡萝卜素、抗坏血酸、核黄素等物质和多种人体必需氨基酸，具有清热败火的食用功效。

菜肴特色：脆嫩爽口，清淡鲜香。

炒芋艿泥

芋艿 400 克，杂菜（胡萝卜丁、玉米粒、甜青豆）50 克，榨菜末 15 克，盐 1 克，蘑菇精 1
克，清油 20 克，葱花 2 克。

制作方法

1. 芋艿洗净，放在水锅中煮熟后，剥去皮，塌成泥，杂菜焯水待用。
2. 锅烧热放入油，放入葱花、榨菜末炒一下，倒入芋艿泥炒散，调入盐、蘑菇精、杂菜，边
   烧边搅以防粘锅底，边搅边添油使其细腻，约两分钟左右芋艿泥起泡并炒出香味时，出锅
   装盘。

烹饪之道

按需要可少添油炒得干稠些，也可多添油炒得稀薄点。

食材知识

芋艿一般有两类品种：一种是糯性的，肉白质软糯，称为"白梗芋艿"，另一种是粳性的，肉
白质粉香，称为"红梗芋艿"。上海崇明的红梗芋艿品质很好，金华、奉化的品种也很香，芋
艿的"大哥"当属广西的香芋，不仅个大而且更香，但不适合用来制作炒芋艿泥。

营养知识

这里提到的"杂菜"有很多意思，可以是根茎类切成的小丁，也可以是多种叶菜切碎后的混
合，或者是相同性质不同种类的原料搭配。总而言之，根据自己的喜好调整、补充芋泥的色
泽和营养的搭配，以达到平衡膳食的目的。

菜肴特色: 色呈白灰, 细腻软糯, 鲜香入味, 若嚼到榨菜末还有
丝丝脆感。

中华五千年的农耕文明积累了丰富的农耕经验，培育和引进开发了无数优良食材，就大类划分有叶菜类、根茎类、荚豆类、茄椒类、芽笋类、瓜果类、菌菇类、野菜类、魔芋类、豆制品类等林林总总数不胜数。其中，蔬菜类不但品种多样而且色彩丰富，形态各异，脆、嫩、酥、软、爽、糯等质感层次分明。植物性食品中还含有寒、热、温、凉、平的属性，能起到健脾开胃，增加免疫，补益养生之功效。

其实在饮食方面充满着食品知识，涵盖着丰富经验与技术。如品尝蔬菜有其特有的要求：要讲究新鲜（储存会氧化变味），讲究品种（品种间有基因的差异），讲究产地（一方山水养一方人），讲究时令（时令菜含有时空的美感），讲究生态（生态有大自然的灵气）。

随着社会进步和生活水平的提高，人们饮食理念的变化，而今饮食"讲营养，讲平衡，讲健康"，蔬菜素食成为菜谱上的宠儿，荤素混搭的菜肴成为热销菜品。饭店厨师精于烹制荤菜，开发蔬菜特色菜肴，但烧好每道蔬菜并非易事。希望本书对饮食搭配、营养均衡有一定的启发帮助。

自古以来烹饪技术的传承受到社会与行业的限制。如农家菜在乡间流传，宫廷菜在官家流传，佛门菜在寺院流传，店肆菜饭店流传，宴会菜在宾馆流传，渐成行规不能打乱。而这种情况在中华人民共和国成立后尤其是改革开放后逐步被打破。本书的编排突破了一般菜谱的分类，还详细述及菜品的原料调料、操作程序、菜品特点、营养功能和典故说明等，使读者能更好理解每道菜的特色，扩大了蔬食调鼎的视野，融汇各家蔬食之优良，便于厨师和烹饪爱好者参考应用。

本书所选菜谱兼顾南北特色，考虑传统创新，融合中西口味，尽量满足多方人士的需求。但中华烹饪文化广博精深，编著者水平有限，书中难免不足与谬误，敬请读者谅解，同时欢迎提出宝贵的建议！

此书的编写首先得到我老伴的提议，她说："你已出版了好几本书，应该再写一本蔬菜素食之书，因为多吃素有益于健康，有利于生态。"于是她发动佛友筹措出版资金，才能让此书顺利付梓。在此向支持我的所有朋友表示诚挚的感谢和崇高敬意！

顾明钟

2022 年 8 月 20 日

　　我人生中第一次和素食的碰撞是在我孩童的时候，那时母亲经常带我去扬州大明寺上香，寺庙中尤聚人气的地方除了香客络绎不绝的大雄宝殿，就是中午时刻东南角观景台旁的露天斋堂。那个年代，人们的生活水平不及如今这样丰富，鸡鸭鱼肉的美味菜式也只有舍得下馆子的人才能品尝到，但在大明寺中，这些馋念大都会在以素仿荤、造型优美的菜点上得到满足。以至于在之后的岁月里，露天斋堂的素食成为我对祖国烹饪文化了解的深刻印象之一。

　　素食是我国烹饪文化的重要组成部分，它有选料应时应季、烹调方法多样、营养丰富均衡、品目口味众多的特点，是集养生、修身、食疗、环保等为一体的饮食方式。从酒席宴请中的素菜到以宗教、环保、养生、食疗等主题和概念的素食餐厅，素食在饮食市场中的开发利用有着广阔的空间。

　　这本书从最初的构思到完稿已过去整整两年，当初，师父和我聊起打算出一本关于素菜的书并让我参与时，我的心情是无法平静的，那天晚上我的睡眠宛如粳米粉的线条，没有黏性，怎么也拉不长。在这两年里，师父陆续烹制并拍摄了上百种素食菜肴，而后将编写好的菜谱手稿和照片分几次交由我整理编撰。我们四人为力求严谨，多次并反复地对书中的菜肴分类和选料做讨论修改和辩证取舍，比如鸡蛋的原料属性。碍于每个人的观点不同，鸡蛋是荤是素的说法都有，没有定论，而书中将鸡蛋的使用保留了下来，原因一是有素食旧本中以未受精的鸡蛋入菜称之为圆菜作为参考，不可否定；二是在素食的推广普及中鸡蛋的营养价值和在素食烹调中呈现风味和菜式多样性的作用，不可或缺。佛门菜在我国素食文化体系里有着举足轻重的地位，我在撰录《佛门菜》这一辑时也曾多次思考，以佛家饮食戒律是要摒弃五荤的，但从佛门素食造诣的角度出发，选材又不愿拘泥锢束。为了体现佛门菜以荤托素的特点，最终在这一辑中还是保留了能够体现风味的用料和制作方法。佛教主张不杀生、不食有情众生、戒荤腥，旨在众生平等，长养慈悲心，净心修行以得助缘，如此理解，书中佛门菜分类已符合佛门教义。佛教推广素食不拘以五荤为戒，更为大众普及，但忌讳者应择料而用。

书中所述菜肴用料的名称和计量单位基本统一，调料中是以蘑菇精作为提鲜添加剂，在实践操作中可用味精代替。

这本书的顺利完稿，离不开师父的用心指导，我始终认为，这次著书经历是师父对我传承传授的过程，也是师父给予我学习和历练的机会。传承和发扬我国传统烹饪技艺是我们这代人应尽的责任，正如师父说过：老祖宗的技艺技法能流传到现在，自然有它的道理，这是经过几代人实践验证过的，是烹饪文化遗产，在我们手上不能断承，不能丢。现今社会的快速发展更需要我们烹饪从业者不忘初心砥砺前行，做到传承不守旧，创新不忘本。以百锻匠心、千炼传承的进取精神为餐饮行业的进步和烹饪事业的发展做出积极的贡献。

感谢师父对我的培养和寄望，同时感谢默默支持并资助此书出版的佛友们。谨以此书希望能为我国素食文化的推广和发展有所帮助，为相关从业者及素食爱好者们提供更多的参考。书中所撰论述为力求严谨均已竭力考证，若有谬误还请广大读者与专业人士予以帮助和指正。

张毅力

2022 年 10 月 12 日

图书在版编目(CIP)数据

素食调鼎集 / 顾明钟等编著 .— 上海 ：上海社会
科学院出版社，2023
ISBN 978 - 7 - 5520 - 3991 - 7

Ⅰ.①素…　　Ⅱ.①顾…　　Ⅲ.①素菜—菜谱　　Ⅳ.
①TS972.123

中国版本图书馆 CIP 数据核字（2022）第 196708 号

素食调鼎集

编　　著：顾明钟　张毅力　顾桢霖　刘根标
出 品 人：佘　凌
责任编辑：邱爱园
装帧设计：周清华
书名题签：吕政澄
出版发行：上海社会科学院出版社
　　　　　上海顺昌路 622 号　邮编 200025
　　　　　电话总机 021 - 63315947　销售热线 021 - 53063735
　　　　　http：// www.sassp.cn　E-mail：sassp@ sassp.cn
照　　排：南京理工出版信息技术有限公司
印　　刷：上海盛通时代印刷有限公司
开　　本：889 毫米×1060 毫米　1/16
印　　张：21
字　　数：373 千
版　　次：2023 年 5 月第 1 版　2023 年 5 月第 1 次印刷

ISBN 978 - 7 - 5520 - 3991 - 7/TS · 014　　　　　　　定价：158.00 元